蒸菜、煲菜、焖菜 500 例

总策划：杨建峰
主编：甘智荣

江西科学技术出版社

图书在版编目（CIP）数据

蒸菜、煲菜、焖菜500例 / 甘智荣主编.— 南昌：江西科学技术出版社，2015.4

ISBN 978-7-5390-5260-1

Ⅰ.①蒸… Ⅱ.①甘… Ⅲ.①菜谱 Ⅳ.①TS972.12

中国版本图书馆CIP数据核字（2015）第062784号

国际互联网（Internet）地址：

http：//www.jxkjcbs.com

选题序号：KX2015087

图书代码：D15013-101

蒸菜、煲菜、焖菜500例　　　　　　　　　　　　　　甘智荣主编

出　　版	江西科学技术出版社	
社　　址	南昌市蓼洲街2号附1号	
	邮编：330009　　电话：（0791）86623491　86639342（传真）	
印　　刷	北京新华印刷有限公司	
总 策 划	杨建峰	
项目统筹	陈小华	
责任印务	高峰　苏画眉	
设　　计	松雪图文 SONGXUE TUWEN　王进	
经　　销	各地新华书店	
开　　本	787mm×1092mm　1/16	
字　　数	260千字	
印　　张	16	
版　　次	2015年4月第1版　　2015年4月第1次印刷	
书　　号	ISBN 978-7-5390-5260-1	
定　　价	28.80元（平装）	

赣版权登字号-03-2015-27

目录 CONTENTS

Part 1 蒸菜

◎猪肉蒸菜

◎腊味蒸菜

◎牛肉蒸菜

◎羊肉蒸菜

◎鸡肉蒸菜

◎鸭肉蒸菜

◎鸽肉蒸菜

◎蛋类蒸菜

◎蒸素菜

Part 2 煲菜

◎ 水产煲菜

◎ 猪肉煲菜

◎牛肉煲菜

◎羊肉煲菜

◎狗肉煲菜

◎牛蛙煲菜

◎鸡肉煲菜

◎鸭肉煲菜

◎鹅肉煲菜

◎素煲菜

◎水产焖菜

◎猪肉焖菜

蒸 Part 1 菜

蒸是烹饪方法的一种，指把经过调味后的食物放入器皿，再置入蒸锅中，利用蒸汽使其成熟的过程。经过蒸制而得的菜肴，不仅营养流失少，而且滋味鲜、香、嫩、滑，是餐桌上深受喜爱的一类菜肴。本章主要介绍多种蒸菜的制作方法，让你每天蒸菜不重样，吃出新鲜感，吃出好身体。

水产蒸菜

葱油蒸鲫鱼

（材料）鲫鱼300克，葱末20克，红椒8克

（调料）盐3克，鸡粉2克，生抽10毫升，生粉10克，食用油适量，姜片、蒜末、葱花各少许

（做法）①将红椒洗净，切细丝。②鲫鱼处理干净，装盘，加生抽、盐、抹匀，放入生粉，抹匀后腌渍约10分钟。③热锅注油烧热，放入腌好的鲫鱼，炸至呈金黄色后捞出，装盘。④将姜片、蒜末、葱末入油锅爆香，注入清水，加入生抽、盐、鸡粉炒匀，盛出，浇在鲫鱼上。⑤将鲫鱼入蒸锅蒸至熟透后取出，点缀上红椒丝，撒上葱花即可。

山药蒸鲫鱼

（材料）鲫鱼400克，山药80克

（调料）盐2克，鸡粉2克，料酒8毫升，葱段30克，姜片20克，葱花、枸杞各少许

（做法）①将洗净去皮的山药切成丁；处理干净的鲫鱼切一字花刀。②将鲫鱼放姜片、葱段、料酒、盐、鸡粉拌匀，腌渍15分钟，装入盘中，撒上山药、姜片。③将蒸盘放入蒸锅，盖上盖，用大火蒸10分钟。④揭盖，取出蒸好的鲫鱼，用筷子夹去姜片、葱段，撒上葱花、洗净的枸杞即可。

萝卜芋头蒸鲫鱼

（材料）鲫鱼350克，白萝卜200克，芋头150克，豆豉35克

（调料）盐4克，生抽3毫升，料酒6毫升，食用油适量，白糖少许，姜末、蒜末各少许，姜片、葱段、干辣椒各适量，葱丝、红椒丝、姜丝各少许

（做法）①白萝卜洗净，去皮，切丝；芋头洗净，去皮，切片；处理干净的鲫鱼打花刀，用盐、料酒、姜片拌匀，腌渍15分钟。②用油起锅，放入切碎的豆豉、干辣椒、姜末、蒜末、葱段炒匀，加入生抽、盐、白糖炒匀后装碟，制成酱菜。③将白萝卜、芋头、鲫鱼放入蒸盘，倒上酱菜，放入烧开的蒸锅中，大火蒸至熟透后取出，撒上葱丝、红椒丝、姜丝即可。

枸杞蒸鲫鱼

（材料）鲫鱼1条，泡发枸杞20克

（调料）盐4克，味精3克，料酒4毫升，姜丝4克，葱花6克

（做法）①将鲫鱼处理干净，放入蒸盘中，撒上姜丝、葱花，加入盐、料酒、味精，抹匀，腌渍15分钟至入味。②将泡发的枸杞清洗干净，均匀撒在鲫鱼身上。③往蒸锅里注入适量清水，置于火上烧开，放入装有鲫鱼的蒸盘，大火蒸10分钟至其熟透。④取出已经蒸好的鲫鱼，待凉即可。

清蒸草鱼

（材料）草鱼700克

（调料）盐5克，蒸鱼豉油、食用油各适量，葱15克，姜片、姜丝各少许

（做法）①将洗净的葱扭成结，再切成细丝；草鱼处理干净，切下鱼头，并将脊骨两侧的肋骨折断。②取一个盘子，放上两根竹签，摆好鱼身，放上姜片，撒上盐，摆上鱼头。③把草鱼放入蒸锅，扣上锅盖，大火蒸约8分钟至鱼肉熟透，取出蒸好的草鱼，转入另一盘中，摆好造型，挑去姜片，放上姜丝、葱丝。④往锅中注油烧热，浇在鱼身上。⑤往热锅中倒入蒸鱼豉油，拌煮至沸，淋入盘中即可。

黄花菜蒸草鱼

（材料）草鱼肉400克，水发黄花菜200克，红枣20克

（调料）盐3克，鸡粉2克，蚝油6克，生粉15克，料酒7毫升，蒸鱼豉油15毫升，芝麻油、食用油各适量，枸杞、姜丝、葱丝各少许

（做法）①红枣洗净，切小块；黄花菜洗净，去蒂；洗净的草鱼肉切块。②将草鱼块装入碗中，放入姜丝、枸杞、红枣、黄花菜。③加料酒、鸡粉、盐、蚝油、蒸鱼豉油、生粉、芝麻油拌匀腌渍。④取一蒸盘，摆好材料，放入已经烧开的蒸锅中，大火蒸10分钟至熟软。⑤取出蒸好的菜肴，点缀上葱丝，再浇上少许热油即可。

芦笋鱼卷蒸滑蛋

(材料) 草鱼肉200克，鸡蛋120克，芦笋80克，胡萝卜50克

(调料) 盐、鸡粉各3克，胡椒粉少许，生粉20克，蒸鱼豉油15毫升，水淀粉、芝麻油、食用油各适量，枸杞、姜丝各少许

(做法) ①将鸡蛋加盐、鸡粉、水、胡椒粉、芝麻油，拌匀成蛋液。②芦笋洗净，去皮，取笋尖；胡萝卜洗净，去皮，切片；草鱼肉洗净，切双飞片，加盐、鸡粉、水淀粉、食用油，拌匀，腌渍入味。③将胡萝卜和芦笋入沸水锅中焯煮至断生。④将腌渍好的鱼片裹上生粉，放上芦笋，卷成鱼卷。⑤将蛋液倒入蒸碗，入锅蒸至八成熟后放入枸杞、鱼卷、胡萝卜片、姜丝，蒸熟后取出，浇上蒸鱼豉油即可。

粉蒸鱼块

(材料) 草鱼400克，蒸肉粉50克

(调料) 盐3克，鸡粉2克，生抽6毫升，食用油适量，姜末、葱花各少许

(做法) ①将处理干净的草鱼切成小块，加盐、姜末、鸡粉、生抽、蒸肉粉、食用油拌匀腌渍入味。②取一蒸盘，摆上鱼块。③蒸锅上火烧开，放入蒸盘。④盖上盖，用大火蒸约10分钟，至食材熟透。⑤关火后揭开盖子，取出蒸好的鱼块，趁热撒上葱花，最后浇上少许热油即可。

家常蒸带鱼

材料 带鱼250克

调料 盐2克，料酒10毫升，食用油适量，蒸鱼豉油少许，葱段、葱花、姜丝各少许

做法 ①将洗净的带鱼切段，再切花刀，装入碗中，放入盐、料酒，拌匀，腌渍15分钟至其入味。②将腌好的带鱼段装入盘中，放上姜丝、葱段，待用。③将处理好的带鱼段放入烧开的蒸锅中。④盖上盖，用大火蒸10分钟至熟。⑤揭盖，取出带鱼，撒上葱花，淋入热油、少许蒸鱼豉油即可。

剁椒蒸带鱼

材料 带鱼400克，剁椒80克

调料 鸡粉4克，生粉4克，生抽4毫升，料酒4毫升，食用油适量，姜丝、葱花各少许

做法 ①将处理干净的带鱼切去鱼鳍，切成长段，装盘备用。②剁椒洗净，装碗，加入鸡粉、生粉、食用油拌匀。③将带鱼加鸡粉、生抽、料酒，抓匀，摆放整齐。④把剁椒浇在带鱼块上，撒上姜丝，连盘放入烧开的蒸锅中。⑤用大火蒸10分钟至熟，取出带鱼，撒上葱花。⑥往锅中加食用油烧热，浇在食材上即可。

豉椒蒸鲳鱼

材料 鲳鱼500克，豆豉20克，剁椒30克

调料 白糖4克，鸡粉2克，生粉10克，盐、生抽、老抽、芝麻油、食用油各适量，姜末、蒜末、葱花各少许

做法 ①将处理干净的鲳鱼两面切上花刀，装盘；豆豉剁碎。②用油起锅，放入姜末、蒜末爆香，倒入豆豉炒香，放入剁椒炒匀，加入白糖、生抽炒香，加入少许盐拌匀，倒入老抽拌匀上色。③把炒好的味料盛入碗中，加入生粉、食用油、芝麻油、鸡粉拌匀，铺在鲳鱼上。④将鲳鱼放入烧开的蒸锅中，蒸至熟透，取出，撒上葱花，浇上热油即可。

剁椒蒸鲤鱼

材料 鲤鱼500克，剁椒60克

调料 鸡粉3克，生抽、生粉各少许，芝麻油、食用油各适量，姜片、葱花各少许

做法 ①在处理干净的鲤鱼表面打上一字花刀，装入盘中。②将剁椒装入碗中，放入鸡粉、生抽、生粉、芝麻油、食用油，拌匀。③把拌好的剁椒淋在鱼身上，放上姜片。④将鲤鱼放入烧开的蒸锅中，盖上盖，用大火蒸8分钟至熟。⑤取出，撒上葱花，浇上热油即可。

剁椒蒸福寿鱼

（材料）净福寿鱼500克，剁椒40克

（调料）鸡粉2克，生粉20克，料酒6毫升，食用油适量，葱花少许

（做法）①在福寿鱼鱼身两面切上花刀，待用；剁椒装入碗中，加入少许鸡粉，撒上生粉，再注入食用油，搅拌匀，制成味汁，待用。②取一个干净的盘子，放入福寿鱼，淋入料酒，再倒入备好的味汁。③蒸锅上火烧开，放入装有福寿鱼的盘子，盖上盖，用大火蒸约10分钟，至食材熟透，揭开盖，取出蒸熟的食材。④撒上葱花，最后浇上少许热油即可。

蒸鱼片

（材料）福寿鱼肉280克，土豆、胡萝卜各65克

（调料）盐3克，鸡粉2克，胡椒粉少许，生粉10克，生抽4毫升，水淀粉、食用油各适量，姜丝、葱花各少许

（做法）①土豆、胡萝卜均洗净去皮，切成丁；福寿鱼肉洗净，切成片。②将鱼片装盘，加入盐、鸡粉、胡椒粉、生粉、姜丝、食用油，拌匀，腌渍约10分钟至入味。③往蒸锅中放入蒸盘，用大火蒸约5分钟至鱼肉熟透，关火取出，待用。④用油起锅，放入胡萝卜、土豆，快速翻炒匀，注入适量清水，加盐、鸡粉、生抽，煮片刻至熟软，倒入水淀粉勾芡，制成酱料。⑤关火后盛出锅中的酱料，浇在鱼片上，撒上葱花即可。

豆豉辣蒸福寿鱼

（材料）福寿鱼1条，辣椒30克，豆豉50克

（调料）盐3克，料酒15毫升，葱15克，姜10克，蒜5克

（做法）①将辣椒洗净，切粒；鱼处理干净，切花刀，装盘；葱切花；姜、蒜切末。②将辣椒、葱、姜、蒜、豆豉加盐、料酒拌匀，均匀浇在鱼身上。③往蒸锅中注入适量清水，置于火上烧开，揭开锅盖，放入装有食材的蒸盘。④盖上锅盖，大火蒸约12分钟至熟透。⑤掀开锅盖，将蒸好的食材取出即可。

清蒸福寿鱼

（材料）福寿鱼1条

（调料）盐2克，生抽10毫升，芝麻油5毫升，姜5克，葱白、葱叶各3克

（做法）①将福寿鱼去鳞和内脏，洗净，在鱼身上划花刀；姜切片；葱白切段，葱叶切成丝。②将鱼装入盘内，加入姜片、葱白段、盐腌入味。③往蒸锅中注入适量清水，置于火上烧开，揭开锅盖，放入装有食材的蒸盘。④盖上锅盖，大火蒸约10分钟至熟透。⑤取出蒸熟的鱼，淋上生抽、芝麻油，撒上葱丝即可。

豉油清蒸武昌鱼

(材料) 武昌鱼680克，蒸鱼豉油15毫升

(调料) 盐3克，料酒10毫升，食用油适量，葱段、姜片、葱丝、红彩椒丝各少许

(做法) ①将武昌鱼处理干净，打上花刀，撒上盐抹匀，淋上料酒，塞入葱段、姜片，装盘。②往蒸锅注水烧开，放上武昌鱼，用大火蒸12分钟至熟，取出蒸好的武昌鱼。③将武昌鱼盛入备好的盘中，放上葱丝、红彩椒丝，待用。④另起锅注油，烧至五六成热，将热油浇在鱼身上，淋入蒸鱼豉油即可。

清蒸开屏武昌鱼

(材料) 武昌鱼550克，圣女果45克

(调料) 生抽、食用油各适量，姜丝、葱丝、彩椒丝各少许

(做法) ①将处理好的武昌鱼切断头部，从头部中间剁开，把鱼身切成同等大小的块，将鱼尾从中间切开，切去骨头；洗净的圣女果去蒂，对半切开，再切成小块。②取一个圆形蒸盘，依次摆放上鱼头、鱼身、鱼尾，待用。③蒸锅上火烧开，放入蒸盘，盖上锅盖，用中火蒸约15分钟。④揭开盖，取出蒸盘，摆上圣女果，撒上备好的姜丝、葱丝、彩椒丝，浇上生抽、热油即可。

特色蒸鳜鱼

（材料）鳜鱼1条，火腿100克，香菇25克

（调料）盐4克，味精3克，生抽10毫升，葱花10克

（做法）①鳜鱼去鳞、肠后洗净，切成连刀块，装盘，备用；香菇、火腿均洗净后切成片，备用。②将香菇片、火腿片间隔地夹入鱼身内，往鱼身上抹上盐。③往蒸锅中注水烧开，放入装有鳜鱼的整盘，大火蒸10分钟后取出。④撒上葱花，加味精调味，淋上生抽即可。

梅菜蒸鲈鱼

（材料）鲈鱼1条，梅菜200克

（调料）蚝油20克，姜5克，葱6克

（做法）①梅菜洗净，剁碎；鲈鱼处理干净；姜、葱均洗净，切丝。②往梅菜内加入蚝油、姜丝一起拌匀，铺在鱼身上，装入蒸盘。③往蒸锅中注入适量清水，置于火上烧开，揭开锅盖，放入装有食材的蒸盘。④盖上锅盖，大火蒸约10分钟至熟透。⑤掀开锅盖，将蒸好的食材取出，撒上葱丝即可。

清蒸冬瓜生鱼片

（材料）冬瓜400克，生鱼肉300克

（调料）盐2克，鸡粉2克，胡椒粉少许，生粉10克，芝麻油2毫升，蒸鱼豉油适量，姜片、葱花各少许

（做法）①冬瓜洗净，去皮，切片；生鱼肉洗净，切片，装碗，加盐、鸡粉、姜片、胡椒粉、生粉、芝麻油，拌匀腌渍入味。②把调好的鱼片摆入碗底，放上冬瓜片，再放上姜片。③将装有鱼片、冬瓜的碗放入烧开的蒸锅中，用中火蒸15分钟至食材熟透。④取出蒸熟的食材，倒扣入盘里，撒上葱花，浇上蒸鱼豉油即可。

芙蓉蒸生鱼片

（材料）生鱼1条，鸡蛋清2个，清汤350毫升

（调料）盐4克，味精2克，水淀粉10毫升，蒸鱼豉油适量

（做法）①生鱼处理干净，切成片，加水淀粉抹匀，备用。②将鸡蛋清加入盐，倒入清汤搅匀，倒入蒸碗中。③往蒸锅中注入适量清水，置于火上烧开，揭盖，放入装有食材的蒸碗。④盖上锅盖，大火蒸约10分钟。⑤掀开锅盖，放上切好的鱼片，淋上蒸鱼豉油，再蒸3分钟，取出，调入味精即可。

清蒸鲟鱼

（材料）鲟鱼肉450克

（调料）蒸鱼豉油10毫升，食用油适量，姜50克，彩椒15克，葱条少许

（做法）①将洗净的葱条切成细丝；洗好去皮的姜切成细丝；洗净的彩椒切开，去籽，再切成细丝；洗好的鲟鱼肉切成段。②蒸锅上火烧开，放入鲟鱼肉，盖上盖，用中火蒸15分钟，揭盖，取出鲟鱼，放凉待用。③取出放凉的鲟鱼，撒上姜丝、葱丝、彩椒丝，淋上蒸鱼豉油，浇上热油即可。

五花肉蒸咸鱼

（材料）五花肉350克，咸鱼100克

（调料）盐2克，鸡粉2克，生粉7克，生抽15毫升，食用油适量，姜丝、葱花各少许

（做法）①将洗净的五花肉切成块，装碗，加鸡粉、盐、生抽、生粉、食用油，拌匀，腌渍入味；洗好的咸鱼切成小块。②往煎锅中倒油烧热，倒入咸鱼块，煎出焦香味后盛出，备用。③把腌好的五花肉放入蒸盘中，再铺上煎好的咸鱼，撒上姜丝，放入烧开的蒸锅中，大火蒸10分钟至熟，取出蒸盘，淋上生抽，撒葱花即可。

香菇蒸鳕鱼

（材料）鳕鱼肉200克，香菇40克，泡小米椒15克

（调料）料酒4毫升，盐、蒸鱼豉油各适量，姜丝、葱花各少许

（做法）①泡小米椒洗净，切碎；洗净的香菇切成条。②洗净的鳕鱼肉装入碗中，放入料酒、盐，拌匀，将鳕鱼装入盘中，加入香菇，再放上泡小米椒、姜丝。③将处理好的鳕鱼放入烧开的蒸锅中，盖上盖，用中火蒸8分钟，至食材熟透。④揭开盖，将蒸好的鳕鱼取出，浇上蒸鱼豉油，撒上葱花即可。

雪菜蒸鳕鱼

（材料）鳕鱼肉500克，雪菜100克

（调料）盐3克，黄酒10毫升，葱丝10克，姜丝10克

（做法）①鳕鱼肉洗净，切成大块；雪菜洗净，切末。②将切好的鳕鱼肉放入盘中，加入雪菜、盐、黄酒、葱丝、姜丝，拌匀腌渍入味。③往蒸锅中注入适量清水，置于火上烧开，揭开锅盖，放入装有食材的蒸盘。④盖上锅盖，大火蒸约10分钟至熟透。⑤掀开锅盖，将蒸好的食材取出即可。

豆豉蒸鳕鱼

（材料）鳕鱼肉1片，豆豉10克

（调料）料酒10毫升，盐少许，姜1小段，葱1根

（做法）①将鳕鱼肉洗净，拭干水，抹上盐，装入盘内。②姜、葱洗净，均切细丝。③将豆豉均匀撒在鱼片上，再撒上葱丝、姜丝，淋上料酒。④往蒸锅中注入适量清水，置于火上烧开，放入装有食材的蒸盘。⑤盖上锅盖，大火蒸约6分钟至熟透。⑥掀开锅盖，将蒸好的食材取出即可食用。

清蒸石斑鱼片

（材料）石斑鱼片60克

（调料）蒸鱼豉油适量，葱条、彩椒、姜块各少许

（做法）①将洗净的葱条切细丝；洗好的彩椒切细丝；去皮洗净的姜块切薄片，再切细丝，备用。②取一个蒸盘，放入洗净的石斑鱼片，铺放整齐，待用。③蒸锅上火烧开，放入蒸盘，盖上盖，用中火蒸约5分钟，至鱼肉熟透，关火后揭盖，取出蒸好的鱼片，趁热撒上葱丝、彩椒丝、姜丝，浇上蒸鱼豉油即可。

粉藕蒸银鱼

(材 料) 莲藕250克，银鱼30克，瘦肉100克

(调 料) 盐2克，料酒5毫升，水淀粉5毫升，生抽、食用油各适量，葱丝、姜丝各少许

(做 法) ①将洗净去皮的莲藕切成片；洗净的瘦肉切成丝，装碗，加盐、料酒、水淀粉、食用油，拌匀，腌渍片刻。②将莲藕整齐摆在蒸盘上，依次放上肉丝、洗净的银鱼，待用。③蒸锅上火烧开，放入蒸盘，盖上锅盖，大火蒸10分钟至熟透，揭开锅盖，将菜肴取出。④热锅注油，烧至六成热。⑤在菜肴上摆上姜丝、葱丝，浇上热油，将生抽淋在食材上即可。

豉汁蒸马头鱼

(材 料) 马头鱼500克

(调 料) 蒸鱼豉油10毫升，食用油适量，姜丝、葱丝、红椒丝、香葱条、姜片各少许

(做 法) ①将香葱条摆在盘子中，放上处理干净的马头鱼，再放上姜片，备用。②蒸锅上火烧开，放入马头鱼，盖上锅盖，用大火蒸15分钟至其熟透。③揭开锅盖，取出蒸好的鱼，拣去姜片和香葱条，摆上葱丝、姜丝、红椒丝，倒入蒸鱼豉油。④往锅中倒入少许食用油，用大火烧热，将热油均匀浇在鱼身上即可。

清蒸大眼鱼

（材料）大眼鱼500克

（调料）料酒5毫升，蒸鱼豉油、食用油各适量，红彩椒丝、姜片、姜丝、葱段、葱丝各少许

（做法）①将处理干净的大眼鱼装入盘中，放上姜片、葱段，淋上料酒，腌渍入味，待用。②往蒸锅中注水烧开，揭盖，放入大眼鱼，加盖，用大火蒸15分钟至熟。③揭盖，取出蒸好的大眼鱼，拣去姜片和葱段，摆放上红彩椒丝、葱丝、姜丝，待用。④往锅中注入少许食用油，烧热，将热油淋在鱼身上，再淋入蒸鱼豉油即可。

清蒸鹦鹉鱼

（材料）鹦鹉鱼200克

（调料）盐3克，鸡粉2克，蒸鱼豉油、食用油各适量，葱条、红椒丝、姜丝、葱丝、姜片各少许

（做法）①取一个干净的盘子，放上葱条，摆上处理干净的鹦鹉鱼，放入姜片，再均匀地撒上盐、鸡粉，腌渍入味。②蒸锅上火烧开，放入装有鹦鹉鱼的盘子，盖上盖，用大火蒸约5分钟，至食材熟透。③关火后揭开盖，取出蒸好的食材，拣去姜片、葱条，放上姜丝、红椒丝、葱丝，浇上少许热油，倒入适量蒸鱼豉油即可。

清蒸多宝鱼

材料 多宝鱼400克

调料 盐3克，鸡粉少许，芝麻油4毫升，蒸鱼豉油10毫升，食用油适量，姜丝40克，葱丝25克，姜片30克，红椒丝、葱段各少许

做法 ①将处理干净的多宝鱼装盘，放入姜片，撒上盐，腌渍入味。②蒸锅上火烧开，放入多宝鱼，用大火蒸约10分钟至熟。③取出蒸好的多宝鱼，趁热撒上姜丝、葱丝、红椒丝、葱段，浇上热油，待用。④用油起锅，注入清水，倒入蒸鱼豉油，加鸡粉、芝麻油，拌匀，制成味汁，浇在蒸好的鱼肉上即可。

双椒蒸秋刀鱼

材料 净秋刀鱼190克，泡小米椒45克，红椒圈15克，蒜末、葱花各少许

调料 鸡粉2克，生粉12克，食用油适量

做法 ①在秋刀鱼的两面都切上花刀，待用；泡小米椒剁成末，放入碗中，加入蒜末、鸡粉、生粉、食用油，拌匀，制成味汁。②取一个蒸盘，摆上秋刀鱼，放入味汁，铺匀，撒上红椒圈，待用。③蒸锅上火烧开，放入装有秋刀鱼的蒸盘，盖上盖，用大火蒸约8分钟至食材熟透。④关火后揭开盖子，取出蒸好的秋刀鱼，趁热撒上葱花，淋上少许热油即可。

豉汁蒸鳝段

材料 黄鳝1条，豆豉20克

调料 盐3克，味精2克，葱末6克，姜末10克，红椒丁20克

做法 ①黄鳝处理干净，切成段。②将黄鳝放入盛器中，调入姜末、葱末、豆豉、盐、味精、红椒丁拌匀，腌制入味。③将腌好的黄鳝放入盘中，入蒸锅中蒸10分钟至熟即可。

豉汁蒸白鳝片

（材料）白鳝200克，红椒丁10克，豆豉末12克

（调料）盐3克，鸡粉2克，白糖3克，蚝油5克，生粉8克，料酒4毫升，生抽5毫升，食用油适量，姜片、葱花各少许

（做法）①将处理干净的白鳝切成小块，装碗，倒入红椒丁、豆豉末、姜片、生抽、料酒、蚝油、鸡粉、盐、白糖、生粉拌匀，注入食用油，腌制15分钟。②将白鳝装盘，放入烧开的蒸锅中，用大火蒸约8分钟至熟透、入味，取出，撒上葱花，浇上热油即可。

豆豉剁椒蒸泥鳅

（材料）泥鳅250克，豆豉20克，剁椒40克，朝天椒圈20克

（调料）盐2克，鸡粉2克，料酒5毫升，食用油适量，姜末、葱花、蒜末各少许

（做法）①热锅注油烧热，倒入处理干净的泥鳅，油炸至焦黄色后捞出，沥干。②往泥鳅中放入豆豉、剁椒、姜末、蒜末，再加入朝天椒圈，放入盐、鸡粉、料酒、食用油，拌匀，装盘，待用。③蒸锅注水烧开，放入泥鳅，盖上锅盖，大火蒸10分钟至入味，将泥鳅取出，撒上葱花即可。

田七红花蒸鱿鱼

（材料）鱿鱼肉300克，桃仁、红花、田七各少许

（调料）盐2克，鸡粉2克，料酒5毫升，姜片、葱段各适量

（做法）①将洗净的鱿鱼肉切上花刀，改切成块。②取一个蒸碗，倒入鱿鱼块，放入姜片、葱段，注入适量清水，加入盐、鸡粉、料酒，拌匀。③倒入洗净的田七、桃仁、红花，待用。④蒸锅上火烧开，放入蒸碗，盖上盖，用中火蒸约20分钟至熟，揭盖，关火后取出蒸碗，待稍冷后即可。

鲜鱿蒸豆腐

材料 鱿鱼200克，豆腐500克，红椒10克

调料 盐2克，鸡粉2克，蒸鱼豉油5毫升，姜末、蒜末、葱花各少许

做法 ①将洗净的红椒切开，去籽，切成丁；处理干净的鱿鱼切成圈，装碗，加蒜末、姜末、红椒、葱花、盐、鸡粉、蒸鱼豉油，拌匀，腌渍10分钟至入味。②洗净的豆腐切块，摆盘，铺上鱿鱼圈。③往蒸锅中注水烧开，放入蒸盘，用大火蒸15分钟至食材熟透，取出蒸好的食材，撒上葱花即可。

蒜蓉豆豉蒸虾

材料 基围虾270克，豆豉15克，彩椒末、蒜末各少许

调料 盐、鸡粉各2克，料酒4毫升，姜片、葱花各适量

做法 ①将洗净的基围虾去除头部、虾线。②取一个小碗，加入鸡粉、盐、料酒拌匀，制成味汁。③取一个蒸盘，放入基围虾，摆放成圆形，再淋上味汁，撒上豆豉，放入葱花、姜片、蒜末、彩椒末。④蒸锅上火烧开，放入蒸盘，盖上盖，用中火蒸约10分钟，至食材熟透，关火后揭盖，取出蒸好的菜肴即可。

蒜香蒸虾

材料 草虾200克，枸杞5克，白芍10克，熟地黄2克，蒜末适量

调料 冰糖10克，鱼露、料酒、食用油各适量

做法 ①将白芍、熟地黄洗净，入锅，加500毫升水焖煮，取汁；草虾洗净，由背部剪开去除虾线后清洗干净。②热油锅转小火，放入蒜末炒黄，加药汁、料酒、鱼露、冰糖，放入洗净的枸杞煮沸，淋在草虾上。③将草虾入蒸笼蒸6分钟即可。

清蒸皮皮虾

（材料）皮皮虾350克，芹菜10克

（调料）盐、白糖各2克，鸡粉3克，料酒适量，花椒10克，干辣椒5克，姜丝、葱丝各少许

（做法）①将皮皮虾洗净，去虾线；芹菜洗净切段。②将皮皮虾放入白糖、盐、料酒腌入味。③用盐、料酒、鸡粉、花椒、干辣椒、姜丝、葱丝兑成味汁。④将皮皮虾放入蒸盘；蒸锅上火烧开，放入蒸盘蒸熟，取出，浇上味汁即可。

酱蒸肉蟹

（材料）肉蟹2只

（调料）辣椒酱40克，白糖15克，醋、淀粉、食用油各适量，葱丝、姜末各适量

（做法）①将肉蟹处理干净，放入盘中，加入辣椒酱、白糖、淀粉拌匀，放入蒸笼蒸10分钟左右，出笼，淋醋。②往锅中加油烧热，放入葱丝和姜末爆香，倒在蟹上即可。

芙蓉蒸蟹斗

（材料）螃蟹2只，鸡蛋3个，火腿末10克，熟青豆少许

（调料）料酒10毫升，醋、酱油各5毫升，盐4克，白糖6克，食用油适量，姜末8克

（做法）①将螃蟹处理干净，煮熟后取蟹黄和蟹肉；鸡蛋取蛋清。②将蛋清煎熟，放蟹斗中；姜末、蟹肉、蟹黄、熟青豆、火腿末加料酒、酱油、盐、糖、醋炒热，放入蟹斗中。③将蟹斗入蒸锅蒸3分钟即可。

枸杞竹荪蒸蟹

（材料）竹荪30克，青蟹1只，枸杞5克

（调料）米酒5毫升，食用油适量，蒜3克

（做法）①竹荪洗净，泡水，去膜，放入滚水焯烫，取出，沥干；蒜去膜，切碎，入油锅炒黄备用。②青蟹洗净，装盘，放入竹荪、蒜碎，加入洗净的枸杞，倒入米酒。③放入蒸笼，大火蒸15分钟即可。

酒蒸蛤蜊

（材料）蛤蜊500克

（调料）盐3克，米酒50毫升，酱油10毫升，葱适量

（做法）①将蛤蜊浸泡在盐水中，吐净沙，捞出，冲洗干净，装在盘中，备用；葱清洗干净，切成葱花，备用。②将米酒淋在蛤蜊上。③往蒸锅中注入适量清水烧沸，放入装有蛤蜊的蒸盘，大火蒸约10分钟至熟透。④揭盖，取出蒸盘，加入盐，淋上酱油，撒上葱花即可。

豉汁蒸蛤蜊

（材料）蛤蜊500克，豆豉30克，朝天椒30克

（调料）料酒4毫升，盐2克，鸡粉2克，食用油适量，葱花、姜末各少许

（做法）①往锅中注入适量清水烧开，倒入蛤蜊，汆煮片刻去除污物。②将蛤蜊捞出，沥干装盘中。③取一个碗，倒入豆豉、姜末、朝天椒，再放入料酒、盐、鸡粉、食用油拌匀，浇在蛤蜊上。④往蒸锅内注水烧开，放入装蛤蜊的盘子，盖上锅盖，大火蒸8分钟至入味。⑤揭盖，取出蛤蜊盘，撒上葱花即可。

雪菜汁蒸蛏子

材料 蛏子400克

调料 雪菜汁160毫升

做法 ①取一个蒸碗，放入已经处理干净的蛏子，摆放整齐。②再倒入雪菜汁，至三四分满，备用。③蒸锅上火烧开，放入蒸碗，盖上盖，用中火蒸约20分钟，至食材熟透。④关火后揭盖，取出蒸碗，待稍微放凉后即可。

蒜蓉蒸蛏子

材料 蛏子250克，水发粉丝20克，红椒粒、蒜蓉各少许

调料 盐3克，生抽6毫升，蚝油4克，鸡粉2克，芝麻油5毫升，葱花少许

做法 ①取一个碗，倒入粉丝、蒜蓉、红椒粒，加入少许盐、生抽、蚝油、鸡粉、芝麻油，调成味汁。②将处理干净的蛏子放入盘中，放入味汁，再撒上葱花，待用。③蒸锅上火烧开，放入蛏子。④盖上锅盖，用大火蒸10分钟至食材熟透。⑤揭开锅盖，取出蒸好的蛏子即可。

蒜蓉粉丝蒸鲍鱼

材料 鲍鱼150克，水发粉丝50克，蒜末少许

调料 盐2克，鸡粉少许，生粉8克，生抽3毫升，芝麻油、食用油、葱花各适量

做法 ①粉丝洗净切小段，将鲍鱼肉和壳分开，洗净，鲍鱼肉切上网格花刀。②将蒜末倒入碗中，加盐、鸡粉、生抽、食用油、生粉、芝麻油，拌匀成味汁。③取蒸盘，摆上鲍鱼壳，将鲍鱼肉塞入鲍鱼壳中，放上粉丝、味汁，静置片刻后放入烧开的蒸锅，大火蒸约3分钟至熟透后取出，撒葱花，浇热油即可。

猪肉蒸菜

肉末蒸冬瓜

(材料) 冬瓜块300克，猪瘦肉60克

(调料) 盐2克，鸡粉2克，老抽2毫升，料酒、水淀粉、食用油各适量，姜片、蒜末、葱白、葱花各少许

(做法) ①将洗净的瘦肉剁成肉末。②用油起锅，倒入姜片、蒜末、葱白，倒入肉末，炒匀，淋入料酒炒香，加盐、鸡粉炒匀。③淋入老抽炒匀，加入清水煮沸，加入水淀粉，快速炒均匀后盛出。④把洗净的冬瓜块装入碗中，铺上炒好的肉末后放入烧开的蒸锅中，加盖，大火蒸约10分钟至熟。⑤揭盖，取出，撒上葱花即可。

豉汁肉末蒸菜心

(材料) 菜心270克，肉末150克，豆豉35克

(调料) 料酒6毫升，生抽4毫升，鸡粉2克，盐2克，蚝油4克，水淀粉5毫升，食用油适量，姜末、蒜末各少许

(做法) ①将洗净的菜心入沸水锅中焯煮至断生后捞出。②用油起锅，倒入肉末，炒至变色，淋入料酒，放入蒜末、姜末、豆豉炒香。③倒入生抽，加鸡粉、盐、蚝油，炒匀。④注入清水，倒水淀粉炒至入味，关火待用。⑤取蒸盘，放入菜心，盛入锅中的材料，入蒸锅用中火蒸2分钟至熟，取出即可。

西红柿肉末蒸豆腐

（材料）西红柿100克，日本豆腐100克，肉末80克

（调料）盐3克，鸡粉2克，料酒3毫升，生抽4毫升，水淀粉、食用油各适量，葱花少许

（做法）①将日本豆腐切成小块；西红柿洗净，切丁。②用油起锅，倒入肉末，翻炒匀，淋入料酒，炒香，加生抽、盐、鸡粉，炒匀调味。③放入西红柿，翻炒匀，倒入水淀粉勾芡，炒制成酱料，装碗。④取一个蒸盘，放上日本豆腐，铺上酱料，放入烧开的蒸锅中，用大火蒸约5分钟至食材熟透，取出，撒葱花，浇上热油即可。

肉末蒸丝瓜

（材料）肉末80克，丝瓜150克

（调料）生抽、料酒各2毫升，水淀粉、食用油各适量，盐、鸡粉、老抽、葱花各少许

（做法）①丝瓜洗净，去皮，切段。②用油起锅，倒入肉末，炒至变色，淋入料酒炒香，倒入生抽、老抽，加鸡粉、盐调味，倒入水淀粉炒匀，制成酱料，盛出待用。③取一个蒸盘，摆放好丝瓜段，均匀铺上酱料，放入烧开的蒸锅中，大火蒸约5分钟至食材熟透，取出，撒上葱花，浇上热油即可。

香菇瘦肉酿苦瓜

（材料）苦瓜350克，猪瘦肉200克，鸡蛋1个，香菇末适量

（调料）葱花、姜末、盐、酱油、淀粉各适量

（做法）①苦瓜洗净，切筒状，去籽，焯水。②将瘦肉洗净，剁成蓉，加入鸡蛋、香菇末、淀粉、盐、酱油、葱花、姜末拌匀调成馅；将苦瓜填馅，装入盘中。③往蒸锅中注入适量清水，置于火上烧开，揭开锅盖，放入装有食材的蒸盘。④盖上锅盖，大火蒸约10分钟至熟透，取出，倒出汤汁。⑤将汤汁加入淀粉勾芡，浇在苦瓜上即可。

香芋粉蒸肉

（材料）香芋230克，五花肉380克，干辣椒段10克，蒸肉粉90克

（调料）料酒4毫升，生抽5毫升，盐2克，鸡粉2克，葱花、蒜泥各少许

（做法）①香芋洗净，去皮，切片；五花肉处理好后切片，装碗，加料酒、生抽、盐、鸡粉、蒜泥，搅拌均匀，倒入蒸肉粉、干辣椒段搅拌匀。②取一个盘子，平铺上香芋片，倒入拌好的五花肉，备用。③往蒸锅内注水烧开，放入食材，盖上锅盖，大火蒸25分钟至熟透。④掀开锅盖，将菜取出，撒上备好的葱花即可。

干腌菜蒸肉

（材料）五花肉300克，干腌菜150克，香菜少许

（调料）盐2克，酱油、辣椒酱、白糖各5克

（做法）①五花肉洗净，切片；干腌菜洗净，切碎；香菜洗净，切碎待用。②将五花肉加清水、盐、酱油、辣椒酱、白糖煮开，烧至上色，捞出。③干腌菜置于盘中，放上五花肉，放入已经烧开的蒸锅中，大火蒸15分钟，取出后撒上香菜即可。

青豆蒸肉饼

（材料）水发青豆50克，肉末200克，枸杞少许

（调料）盐、生粉各2克，鸡粉3克，葱花、料酒、蒸鱼豉油各适量

（做法）①取一碗，倒入肉末，加盐、鸡粉、料酒、清水拌匀，加入生粉，用力沿着同一方向搅拌，加入葱花，拌匀成肉馅。②取一盘，倒入洗净的青豆，摆放平整，放上肉馅，用勺子压实。③将蒸盘放入已经烧开的蒸锅中，大火蒸20分钟至熟，关火取出，浇上蒸鱼豉油，点缀上洗净的枸杞即可。

蛋黄蒸大肉饼

（材料）猪瘦肉300克，咸蛋黄4个，鸡蛋清1个，冬笋50克，香菇15克

（调料）盐3克，胡椒粉2克，淀粉10克，芝麻油5毫升

（做法）①将瘦肉、冬笋、香菇洗净，剁碎，加入淀粉、鸡蛋清、盐、胡椒粉拌匀，制成饼状。②将咸蛋黄放在肉饼上，装入蒸盘中。③往蒸锅中注入适量清水，置于火上烧开，揭开锅盖，放入装有食材的蒸盘。④盖上锅盖，大火蒸约8分钟至熟透。⑤掀开锅盖，将蒸好的食材取出，淋芝麻油即可。

蛋黄蒸肉

（材料）咸蛋黄1个，五花肉400克，鸡蛋清1个

（调料）盐2克，鸡精2克，酱油2毫升，芝麻油5毫升，淀粉、食用油各适量

（做法）①将五花肉洗净，剁碎，加淀粉、鸡蛋清、盐、鸡精、酱油、芝麻油拌匀；咸蛋黄压扁。②将蛋黄用油煎出香味后，倒入碗中，放入剁碎的五花肉。③往蒸锅中注入适量清水，置于火上烧开，揭开锅盖，放入装有食材的蒸碗。④盖上锅盖，大火蒸约20分钟至熟透。⑤掀开锅盖，将蒸好的食材取出，淋上芝麻油即可。

干豆角扣肉

（材料）干豆角150克，熟五花肉200克

（调料）盐2克，味精1克，食用油适量，八角1个，姜末5克，蒜末5克，葱花少许

（做法）①将熟五花肉入油锅炸至金黄，捞出，切片；八角、姜和蒜入油锅爆香，倒入洗净切碎的干豆角炒匀，调入盐、味精，装入碗中。②在摆好的五花肉片上放干豆角。③往蒸锅中注入适量清水，置于火上烧开，揭开锅盖，放入装有食材的蒸碗。④盖上锅盖，大火蒸约10分钟至熟透。⑤掀开锅盖，将蒸好的食材取出，倒扣在盘中，撒上葱花即可。

梅菜扣肉

（材料）梅菜50克，五花肉500克

（调料）盐4克，鸡精4克，酱油50毫升，蚝油15克，白糖10克，食用油适量

（做法）①将梅菜泡洗干净后剁碎，放入油锅中，加盐，炒香。②五花肉洗净，放入沸水中，加酱油煮熟，再放入油锅中炸成虎皮状，切片。③将肉皮朝下码入碗中，再将盐、鸡精、酱油、蚝油、白糖调匀，倒入碗中，放上梅菜。④往蒸锅中注入适量清水，置于火上烧开，揭开锅盖，放入装有食材的蒸碗。⑤盖上锅盖，大火蒸约1小时至熟透。⑥掀开锅盖，将蒸好的食材取出，扣入盘中即可。

金城宝塔蒸肉

(材料) 五花肉500克，西蓝花100克，卤水适量

(调料) 水淀粉10毫升

(做法) ①西蓝花洗净，掰小朵，焯水；五花肉洗净，加卤水煮七成熟，捞出切片，淋上卤水，装入蒸盘中。②往蒸锅中注入适量清水，置于火上烧开，揭开锅盖，放入装有食材的蒸盘。③盖上锅盖，大火蒸约2小时至熟透。④掀开锅盖，将蒸好的食材取出，将肉扣在盘中，西蓝花围边，原汁用水淀粉勾芡，淋在盘中即可。

芙蓉蒸猪肉笋

(材料) 猪瘦肉50克，笋尖100克，香菇5朵，辣椒2个，鸡蛋3个

(调料) 酱油、盐、食用油、葱花各适量

(做法) ①猪瘦肉洗净，切片；笋尖洗净，切丝；香菇、辣椒洗净，切细丝。②将上述原料放入锅中，用酱油、盐烧至酥脆备用。③将鸡蛋打入碗中，加水一起拌匀。④往蒸锅中注入适量清水，置于火上烧开，揭开锅盖，放入装有食材的蒸碗。⑤盖上锅盖，大火蒸约2分钟，再将其他原材料倒入，再蒸5分钟。⑥掀开锅盖，将蒸好的食材取出，撒上葱花即可。

酒蒸肉

（材料）五花肉300克

（调料）盐3克，料酒、酱油、食用油各适量，姜末、八角、花椒各适量

（做法）①五花肉洗净，煮熟，切片。②将肉片入油锅炸焦后捞出，放入汤锅中煮至起皱，捞出。③取一个大碗，肉皮朝下排入碗内，加入原汤、盐、酱油、花椒、八角、料酒、姜末。④往蒸锅中注入适量清水，置于火上烧开，揭开锅盖，放入装有食材的蒸碗。⑤盖上锅盖，大火蒸约1小时至熟透。⑥掀开锅盖，将蒸好的食材取出即可。

红椒酿肉

（材料）红椒200克，肉末200克，虾米15克，鸡蛋1个

（调料）盐3克，味精3克，淀粉、食用油各适量，蒜末2克

（做法）①虾米剁碎，加肉末、鸡蛋、味精、盐、淀粉拌匀，调成馅。②红椒去籽，洗净，填入肉馅，用淀粉封口，入油锅炸熟，捞出。③将红椒码入碗内，撒上蒜末。④往蒸锅中注入适量清水，置于火上烧开，揭开锅盖，放入装有食材的蒸碗。⑤盖上锅盖，大火蒸约15分钟至熟透。⑥掀开锅盖，将蒸好的食材取出，倒出原汁，加淀粉勾芡，淋在红椒上即可。

蒸肉丸子

(材料) 土豆170克，肉末90克，鸡蛋液少许

(调料) 盐、鸡粉各2克，白糖6克，生粉适量，芝麻油少许

(做法) ①土豆洗净，去皮，切成片，装入盘中，放入烧开的蒸锅中，用中火蒸约10分钟至土豆熟软，取出，放凉后压成泥，待用。②取一个碗，倒入肉末，加盐、鸡粉、白糖、鸡蛋液拌匀，倒入土豆泥，撒上生粉，拌至起劲。③把拌好的土豆肉末泥做成数个丸子，放入抹了芝麻油的蒸盘中，备用。④蒸锅上火烧开，放入蒸盘，用中火蒸约10分钟至食材熟透，关火取出即可。

豆瓣酱蒸排骨

(材料) 排骨400克，豆瓣酱40克

(调料) 盐、鸡粉各2克，料酒、生抽各5毫升，蚝油5克，食用油、淀粉各适量，葱段、姜片、蒜片、香菜各少许

(做法) ①取一大碗，倒入洗净的排骨，倒入豆瓣酱、蒜片、姜片、葱段，加入料酒、生抽、盐、鸡粉、蚝油，拌匀，加入淀粉、食用油，拌匀，腌渍入味。②将拌好的排骨倒入备好的碗中，备用。③往蒸锅注水烧开，放上腌好的排骨，用大火蒸30分钟至熟，揭盖，取出蒸好的排骨，放上香菜点缀即可。

🍲 红薯蒸排骨

（材料）排骨段300克，红薯120克，水发香菇20克，枸杞适量

（调料）盐、鸡粉各2克，胡椒粉少许，老抽2毫升，料酒3毫升，生抽5毫升，葱段、姜片、花椒油各适量

（做法）①红薯洗净，去皮，切小块。②取一大碗，倒入洗净的排骨段，撒上姜片、葱段和枸杞，加盐、鸡粉，淋入料酒、生抽、老抽，放入胡椒粉、花椒油，拌匀，腌渍约20分钟，待用。③另取一蒸碗，放入姜片、葱段和枸杞，摆上香菇，放入腌好的排骨段，放入红薯块，摆放整齐，放入烧开的蒸锅中，大火蒸约35分钟，至食材熟透，取出倒扣在盘中，摆好即可。

🍲 小米洋葱蒸排骨

（材料）水发小米200克，排骨段300克，洋葱丝35克

（调料）生抽3毫升，料酒6毫升，盐3克，白糖、老抽各少许，姜丝少许

（做法）①把洗净的排骨段装碗中，放入洋葱丝、姜丝，拌匀，加盐、白糖、料酒、生抽、老抽，倒入洗净的小米，拌匀。②把拌好的材料转入蒸碗中，腌渍约20分钟。③蒸锅上火烧开，放入蒸碗，用大火蒸约35分钟，至食材熟透，关火，取出菜肴即可。

豉汁蒸排骨

(材料) 排骨500克，豆豉50克，红椒1个

(调料) 盐3克，味精3克，老抽5毫升，蚝油5毫升，葱花5克，生姜5克

(做法) ①将排骨洗净，斩成小段；红椒洗净，切粒；生姜洗净，切丝。②在排骨中加入姜丝、红椒粒、豆豉、盐、味精、老抽、蚝油，搅拌至入味，装入蒸盘中。③往蒸锅中注入适量清水，置于火上烧开，揭开锅盖，放入装有食材的蒸盘。④盖上锅盖，大火蒸约10分钟至熟透。⑤掀开锅盖，将蒸好的食材取出，撒上葱花即可。

粉蒸排骨

(材料) 排骨300克，米粉100克，腐乳30克，豆豉5克，香菜少许

(调料) 鸡精2克，豆瓣酱15克

(做法) ①排骨洗净，斩段；豆瓣酱、豆豉用油炒香，放凉后加入米粉、鸡精、腐乳，再加入适量清水拌匀成味汁。②将排骨放入蒸盘中，淋入味汁。③往蒸锅中注入适量清水，置于火上烧开，揭开锅盖，放入装有食材的蒸盘。④盖上锅盖，大火蒸约30分钟至熟透。⑤掀开锅盖，将蒸好的食材取出，放入香菜即可。

香芋蒸排骨

（材料）排骨段300克，芋头270克，高汤250毫升

（调料）盐2克，鸡粉2克，料酒8毫升，葱花少许

（做法）①芋头洗净，去皮，切块；排骨段洗净，入沸水锅中，余去血水，捞出沥干，待用。②往高汤中加盐、鸡粉、料酒，搅匀，调成味汁。③取一个蒸碗，分次放入芋头、排骨段，摆好，倒入调好的高汤。④蒸锅上火烧开，放入蒸碗，用中火蒸约30分钟至其熟软，揭开锅盖，取出蒸碗，撒上葱花即可。

茯苓蒸排骨

（材料）排骨段130克，水发糯米150克，茯苓粉20克

（调料）盐、鸡粉各2克，芝麻油适量，生抽、料酒、姜末、葱花各少许

（做法）①取一个大碗，倒入洗净的排骨段，放入茯苓粉、姜末，加盐、生抽、料酒、鸡粉拌匀，再倒入洗净的糯米，淋芝麻油，拌匀。②取一个蒸盘，放上拌好的食材，备用。③蒸锅上火烧开，放入蒸盘，用中火蒸15分钟至食材熟透，取出蒸好的排骨，撒上葱花即可。

腊八豆蒸排骨

（材料）排骨300克，腊八豆200克

（调料）盐、味精、老抽、食用油、红椒、葱、干辣椒各适量

（做法）①排骨洗净，切段；腊八豆洗净；红椒、葱、干辣椒洗净，切碎。②热锅下油，放入排骨稍炒，加入腊八豆、干辣椒和适量水焖煮。③加入红椒和葱，再放入盐、味精、老抽调味，盛出装入盘中。④将蒸盘放入烧开的蒸锅中，大火蒸10分钟，至食材入味，掀开锅盖，将蒸好的食材取出即可。

蒸白菜肉丝卷

（材料）白菜叶350克，鸡蛋80克，水发香菇50克，胡萝卜60克，猪瘦肉200克

（调料）盐3克，鸡粉2克，料酒5毫升，水淀粉5毫升，食用油适量

（做法）①将猪瘦肉洗净，切丝；胡萝卜洗净，去皮，切丝；水发香菇去蒂，切粗条；鸡蛋打入碗中，搅成蛋液，倒入油锅中煎成蛋皮后切丝。②白菜叶洗净，入沸水锅中焯煮至断生；另起锅注油烧热，倒入瘦肉、香菇、胡萝卜，加料酒、盐、鸡粉，炒匀，制成馅料装盘。③白菜叶铺平，放入炒好的食材、蛋丝，卷成白菜卷，摆盘，放入烧开的蒸锅中，中火蒸6分钟至熟，取出。④往热锅内注油，注入清水，加盐、鸡粉、水淀粉搅匀成芡汁，淋在白菜卷上即可。

🥟 冬瓜蒸肉卷

（材料）冬瓜400克，水发木耳90克，午餐肉200克，胡萝卜200克

（调料）鸡粉2克，水淀粉4毫升，芝麻油、盐各适量，葱花少许

（做法）①将木耳洗净，切成细丝；胡萝卜洗净，去皮，切丝；午餐肉切丝；冬瓜洗净，去皮，切薄片。②往锅中注水烧开，倒入冬瓜煮至断生后捞出，铺在盘中，放上午餐肉、木耳、胡萝卜，卷成卷，放入烧开的蒸锅中，大火蒸10分钟至熟，取出。③往热锅注水烧开，放入盐、鸡粉、水淀粉，搅匀勾芡，淋入芝麻油，拌匀成芡汁，淋在肉卷上，撒葱花即可。

🥟 黄花菜白菜蒸肉卷

（材料）白菜叶500克，水发黄花菜100克，猪瘦肉100克，彩椒丝70克

（调料）盐、鸡粉各3克，白糖2克，蚝油4克，生抽5毫升，料酒、水淀粉、食用油各适量，蒜末、姜丝各少许

（做法）①猪瘦肉洗净，切成丝，装碗，加料酒、盐、鸡粉、生抽、水淀粉、食用油，拌匀，腌渍入味；白菜叶、黄花菜分别入沸水锅中焯煮至断生。②用油起锅，倒入腌渍好的肉丝炒匀，倒入姜丝、蒜末炒香，加料酒、彩椒丝、黄花菜，注入清水，加盐、鸡粉、白糖、蚝油、生抽炒匀，倒入水淀粉勾芡后盛出，即成馅料。③将馅料包入白菜叶中制成白菜卷，入蒸锅蒸2分钟至熟即可。

包菜蒸肉卷

材料 包菜200克，肉末100克，鸡蛋1个

调料 盐2克，姜末、葱末、胡椒粉、鸡精、淀粉各适量

做法 ①将肉末加姜末、葱末、鸡蛋、盐、胡椒粉、鸡精、淀粉搅匀，制成肉馅；取适量淀粉调成糊备用。②包菜洗净，焯水。③将包菜叶铺平，抹一层淀粉糊，加肉馅裹成卷。④将包菜卷入蒸锅蒸熟，取出，切段，摆盘即可。

周庄蒸酥排

材料 排骨600克

调料 鸡精2克，白糖10克，胡椒粉少许，排骨酱5克，蚕豆酱5克，葱段3克，姜片5克，桂皮少许

做法 ①将排骨洗净，斩成长段。②将排骨入沸水锅中余烫净血水，捞出沥干，加入鸡精、白糖、胡椒粉、排骨酱、蚕豆酱拌匀，再与葱、姜、桂皮混匀。③将排骨上蒸锅蒸熟，拣出葱、姜、桂皮即可。

鸿运蒸猪蹄

材料 猪蹄600克，小米椒20克，豆豉适量

调料 盐、鸡精、蒸鱼豉油各适量

做法 ①将猪蹄洗净，斩成块状；小米椒洗净，切丁。②将猪蹄放入碗中，放上小米椒、盐、鸡精、豆豉、蒸鱼豉油。③往蒸锅中注入适量清水烧开，放入装有猪蹄的蒸碗，中火蒸1小时左右，至食材熟软，取出即可。

油菜蒸猪蹄

(材料) 猪蹄500克，油菜100克

(调料) 盐5克，味精3克，芝麻油、老抽、水淀粉各适量

(做法) ①猪蹄洗净，切块，下沸水汆去血水；油菜洗净，入水焯熟，捞出摆盘。②往锅中注水，烧沸，放入猪蹄煮熟。③加入盐、味精、老抽、芝麻油调味，放入水淀粉勾芡，装盘。④将装有食材的盘子入蒸锅蒸10分钟即可。

东坡蒸肘子

(材料) 猪肘500克，香菇丁、青豆、胡萝卜丁各少许

(调料) 盐3克，酱油3毫升，白糖5克，食用油、八角、桂皮、茴香各适量，姜10克

(做法) ①猪肘洗净，入油锅炸至金黄色。②将八角、桂皮、茴香入锅，加盐、酱油、白糖稍煮，制成卤水，下猪肘卤至骨酥，剁成大块。③碗底放上洗好的香菇丁、青豆和胡萝卜丁，将剁好的猪肘盛入碗内，上锅蒸半小时后取出，扣入盘中即可。

枸杞蒸猪肝

(材料) 猪肝150克，枸杞10克

(调料) 盐、鸡粉各2克，生抽3毫升，料酒3毫升，生粉4克，食用油适量，姜片、葱花各少许

(做法) ①把洗净的猪肝切成片，装入碗中，加入一部分枸杞和姜片，加入盐、鸡粉，再淋入生抽、料酒，倒入生粉，拌匀，注入食用油，腌渍10分钟。②把腌好的猪肝片装入盘中，撒上剩余的枸杞。③把加工好的猪肝片放入烧开的蒸锅中，中火蒸8分钟，取出，撒上葱花，再浇上少许熟油即可。

腊味蒸菜

湘西蒸腊肉

（材料）腊肉300克

（调料）料酒10毫升，食用油适量，朝天椒、花椒、香菜各少许

（做法）①往锅中注水烧开，放入腊肉，用小火煮10分钟，去除多余盐分后捞出，沥干。②洗净的朝天椒切圈；洗好的香菜切末；腊肉切片，装入盘中。③用油起锅，放入花椒、朝天椒，翻炒出香味，即成香油。④将炒好的香油盛出，浇在腊肉片上；蒸锅上火烧开，放入腊肉，淋上料酒，用小火蒸30分钟至腊肉酥软，把蒸好的腊肉取出，撒上香菜末即可。

香干蒸腊肉

（材料）白萝卜丝200克，腊肉250克，香干200克，豆豉10克

（调料）盐2克，生抽、料酒各5毫升，白胡椒粉4克，水淀粉、食用油、葱花各适量

（做法）①腊肉切片；香干洗净，切小块。②取一块香干，放上腊肉片，再放上另一块香干，制成三明治状，装碗，放上白萝卜丝。③取碗，加生抽、料酒、盐、清水、食用油、白胡椒粉，拌匀成味汁，浇在白萝卜丝上，放入蒸锅中，中火蒸至熟透，关火取出，倒扣在盘中。④用油起锅，倒入豆豉、水淀粉炒匀，浇在腊肉上，撒葱花即可。

芋头蒸腊肉

材料 去皮芋头200克，腊肉350克

调料 料酒、生抽各5毫升，白糖2克，鸡粉3克，胡椒粉5克，食用油适量，姜片、蒜末、葱花、八角各少许

做法 ①将腊肉切厚片；芋头洗净，切片。②用油起锅，倒入姜片、八角、蒜末爆香，放入腊肉、芋头，加料酒、生抽、白糖、鸡粉、胡椒粉，炒至入味后关火盛出，待用。③往蒸锅中注水烧开，放入炒好的食材，中火蒸20分钟至食材熟软，关火后取出蒸好的食材，拣出八角，倒扣在另一个盘子中，撒葱花即可。

鳅鱼蒸腊肉

材料 腊肉260克，泥鳅200克，豆豉10克

调料 盐2克，料酒3毫升，生抽3毫升，食用油适量，胡椒粉、干辣椒、姜片、葱段各少许

做法 ①将腊肉切片；泥鳅处理干净，入沸水锅中汆至断生后捞出，沥干水分，备用。②取碗，放入腊肉，放上泥鳅。③用油起锅，放入豆豉、干辣椒、姜片、葱段，爆香，淋入料酒，加生抽、清水，放盐、胡椒粉，煮沸，盛出放在泥鳅上。④往蒸锅内注水烧开，放入食材，盖上盖，大火蒸8分钟，取出蒸好的腊肉和泥鳅，倒扣在盘子里即可。

🍲 鱼干蒸腊肉

（材料）小鱼干170克，腊肉260克

（调料）白糖2克，生抽3毫升，料酒3毫升，食用油适量，胡椒粉少许，姜丝、葱花各少许

（做法）①将腊肉去皮，改切片。②取一盘子，放入腊肉，摆好，放上洗净的小鱼干码好，再放上姜丝。③取一碗，放生抽、料酒、白糖、胡椒粉、食用油，拌成酱汁，浇在盘中的鱼干和腊肉上。④把鱼干、腊肉放入烧开的蒸锅里，加盖大火蒸30分钟，揭盖，将蒸好的鱼干腊肉取出，撒上葱花即可。

🍲 柚子蒸南瓜腊肉

（材料）腊肉400克，南瓜200克，柚子皮100克

（调料）食用油适量，姜丝5克，葱丝、彩椒丝各少许

（做法）①将处理好的柚子皮横切去白色部分，切成丝；洗好去皮的南瓜切成片；洗净的腊肉切成厚片。②取一个盘子，放入切好的柚子皮、腊肉、南瓜、姜丝、彩椒、葱丝，待用。③往蒸锅中注入适量清水烧开，放上摆好的材料，淋上食用油，盖上盖，用大火蒸20分钟至食材熟软，关火后揭盖，取出蒸好的食材即可。

腊肉蒸芋丝

（材料）腊肉200克，芋头250克

（调料）盐3克，辣椒粉5克，芝麻油适量

（做法）①腊肉泡发，洗净，切丝；芋头去皮，洗净，切丝。②将腊肉、芋头加盐、辣椒粉、芝麻油一起搅匀，装好盘。③往蒸锅中注入适量清水，置于火上烧开，揭开锅盖，放入装有食材的蒸盘。④盖上锅盖，大火蒸约30分钟至熟透。⑤掀开锅盖，将蒸好的食材取出即可。

腊肠蒸南瓜

（材料）去皮南瓜500克，腊肠200克，剁椒20克

（调料）盐1克，蚝油5克，生抽5毫升，陈醋5毫升，食用油适量，蒜末10克，葱花少许

（做法）①洗净的南瓜切厚片，装盘；腊肠切片，装碗，放入剁椒、蒜末，加盐、生抽、蚝油、陈醋、食用油，拌匀。②将拌好的腊肠及调料倒在南瓜片上，待用。③往蒸锅内注水烧开，放入装有食材的碗，用大火蒸10分钟至熟软，取出蒸好的腊肠及南瓜，撒葱花即可。

腊味蒸茄子

材料 茄子100克，腊肠80克

调料 盐2克，白糖3克，鸡粉2克，蚝油5克，生抽3毫升，水淀粉5毫升，食用油适量，蒜末、葱花各少许

做法 ①将洗净的茄子去皮，切成双飞片；腊肠切片，插入茄子夹里，制成腊味茄子生坯，装盘，放入已经烧开的蒸锅中，大火蒸15分钟后取出，待用。②用油起锅，放入蒜末，加蚝油、生抽炒香，倒入清水，放盐、白糖、鸡粉，拌匀，煮沸，加水淀粉勾芡，制成味汁。③取一盘子，放入蒸好的茄子，浇上适量味汁，撒上葱花即可。

湘味蒸腊鸭

材料 腊鸭块220克，豆豉20克

调料 辣椒粉10克，生抽3毫升，食用油适量，蒜末、葱花各少许

做法 ①热锅注油烧热，倒入洗净的腊鸭块，用中火炸出香味后捞出。②用油起锅，倒入蒜末、豆豉爆香，放辣椒粉，注入清水煮沸，淋生抽，调成味汁。③取一个蒸盘，放入炸好的腊鸭块，浇上味汁。④蒸锅上火烧开，放入蒸盘，用中火蒸约15分钟，至食材入味，关火后揭盖，取出蒸盘，撒葱花即可。

腊味合蒸

材料 腊肉200克，腊鱼200克，腊鸡200克

调料 盐3克，鸡精2克，酱油15克，辣椒粉10克

做法 ①将腊肉、腊鱼、腊鸡稍洗净，切成片后，装入盘中。②往盘中调入盐、鸡精、酱油、辣椒粉拌匀。③往蒸锅中注入适量清水，置于火上烧开，揭开锅盖，放入装有食材的蒸盘。④盖上锅盖，大火蒸约30分钟至熟透。⑤掀开锅盖，将蒸好的食材取出即可食用。

白菜蒸腊鱼

材料 白菜300克，腊鱼350克，胡萝卜片20克

调料 盐2克，鸡粉3克，料酒、生抽、食用油各适量，姜片、葱段各少许

做法 ①洗净的白菜切块。②往锅中注水烧开，倒入洗净的腊鱼，汆煮片刻后捞出。③用油起锅，放入姜片，爆香，加入料酒、生抽、盐、鸡粉，注入适量清水，炒匀调成味汁。④取蒸盘，放入腊鱼、胡萝卜片、葱段、白菜，倒入味汁搅拌均匀。⑤蒸锅上火烧开，放入整盘，盖上盖，大火蒸20分钟至其熟透，关火后揭盖，取出蒸盘即可。

牛肉蒸菜

蒸牛肉

（材料）熟牛肉300克

（调料）盐、味精各3克，料酒10毫升，葱丝、葱花各15克，姜末5克

（做法）①熟牛肉切片，整齐地码在碗中。②将葱丝、姜末、味精、料酒、盐拌匀，浇在牛肉上，装入蒸盘中。③往蒸锅中注入适量清水，置于火上烧开，揭开锅盖，放入装有食材的蒸盘。④盖上锅盖，大火蒸约20分钟至熟透。⑤掀开锅盖，将蒸好的食材取出，拣去葱丝，撒上葱花即可。

粉蒸牛肉

（材料）牛肉片300克，红薯丁100克，蒸肉粉200克

（调料）芝麻油8毫升，胡椒粉5克，料酒5毫升，盐3克，鸡精3克，花椒粉4克，豆瓣酱5克，葱花、姜丝各5克

（做法）①牛肉片、红薯丁均洗净，加蒸肉粉、盐、鸡精、花椒粉、豆瓣酱、胡椒粉、淋料酒、芝麻油拌匀，腌渍约10分钟，放入蒸笼，撒上姜丝蒸约40分钟。②蒸熟后取出，撒上葱花即可。

芥蓝金针菇蒸肥牛

材料 金针菇150克，肥牛片250克，芥蓝130克

调料 盐、鸡粉、胡椒粉各1克，生抽、料酒各5毫升，姜末、蒜末、朝天椒各少许

做法 ①金针菇洗净，去根；芥蓝洗净，切去叶子，斜刀切段；朝天椒洗净，切圈。②取一盘，在四周摆上金针菇、芥蓝、肥牛片，放入姜末、蒜末、朝天椒圈，淋上料酒。③往蒸锅注水烧开，放上装有食材的盘子，用大火蒸20分钟至熟，取出。④另起锅开中火，倒入盘中多余的汁液，加入盐、生抽、鸡粉、胡椒粉，拌匀成调味汁，浇在食材上即可。

荷叶菜心蒸牛肉

材料 荷叶1张，菜心90克，牛肉200克，蒸肉粉90克

调料 豆瓣酱35克，料酒5毫升，甜面酱20克，盐2克，食用油适量，葱段、姜片各少许

做法 ①将洗好的菜心切成小段；洗净的牛肉切成片，装碗，加甜面酱、豆瓣酱、料酒、姜片、葱段、蒸肉粉，拌匀；洗净的荷叶修整齐边。②将荷叶放盘中，将拌好的牛肉倒在荷叶上，放入烧开的蒸锅中，大火蒸1个小时至入味，取出。③将锅中注水烧热，放盐、食用油、菜心，焯煮至断生后捞出，摆在牛肉边上即可。

牛肉蒸时蔬

（材料）西芹段60克，白玉菇120克，胡萝卜75克，牛肉100克

（调料）盐3克，鸡粉5克，生抽6毫升，料酒6毫升，白糖2克，食粉少许，水淀粉、食用油各适量，蒜末、葱段各少许

（做法）①洗净去皮的胡萝卜切成菱形片；洗好的白玉菇切成小段。②洗净的牛肉切成薄片，装碗，放入食粉、生抽，加盐、鸡粉、水淀粉、食用油拌匀，腌渍约10分钟。③取碗，倒入西芹、胡萝卜、白玉菇、腌好的牛肉，加入蒜末、葱段、料酒、生抽、盐、鸡粉、白糖，搅拌均匀，加入水淀粉、食用油，搅拌均匀后倒入蒸盘中。④将蒸碗放入烧开的蒸锅中，加盖，大火蒸约20分钟至熟，揭盖，把蒸好的菜肴取出即可。

口蘑蒸牛肉

（材料）卤牛肉125克，口蘑55克，苹果40克，胡萝卜30克，西红柿25克，洋葱15克

（调料）番茄酱10克，食用油适量

（做法）①口蘑洗净，切丁；卤牛肉切丁；西红柿、胡萝卜、洋葱均洗净，切丁；苹果洗净，去核、皮，切小块。②往煎锅内注油烧热，放入洋葱、西红柿、胡萝卜、苹果炒匀，加入番茄酱炒香，注入清水煮沸，即成酱料，盛出。③取一蒸盘，放入口蘑、卤牛肉铺好，放入烧开的蒸锅中，用中火蒸约30分钟至食材熟透，取出蒸好的食材，浇上酱料即可。

羊肉蒸菜

丝瓜蒸羊肉

(材料) 丝瓜200克，羊肉400克，咸蛋黄1个

(调料) 生粉25克，盐2克，料酒5毫升，胡椒粉2克，生抽5毫升，芝麻油4毫升，食用油适量，姜片、蒜末、葱段各少许

(做法) ①丝瓜洗净，切成段；处理好的羊肉切成片，装碗，加盐、料酒、胡椒粉、生粉，拌匀起浆，加食用油，腌渍10分钟入味。②将丝瓜平铺蒸盘，倒入羊肉，放上蒜末、葱段、姜片、掰碎的咸蛋黄，待用。③往蒸锅中注水烧开，放入蒸盘，大火蒸25分钟，取出，摆上葱段，淋生抽、芝麻油即可。

蒸风味羊肉卷

(材料) 羊肉300克，鸭蛋黄3个

(调料) 盐4克，鸡精2克，料酒5毫升，葱片、姜片各10克

(做法) ①羊肉洗净，切成大薄片，与葱片、姜片、盐、鸡精、料酒拌匀，腌制6小时。②将羊肉片平铺在碗中，放入鸭蛋黄，卷起，入锅蒸45分钟。③取出，待凉，切薄片，摆盘即可。

鸡肉蒸菜

椰子蒸鸡

（材料）鸡块500克，椰汁100毫升，油菜50克

（调料）盐2克，味精2克，黄酒10毫升，生姜10克

（做法）①将生姜洗净，切末；油菜洗净，对半切开。②取一个小碗，放入盐、味精、黄酒、姜末，搅拌均匀，制成味汁。③取一个蒸盘，放上洗净的鸡块，摆好，周边摆上油菜，淋上椰汁，入锅蒸30分钟至熟后取出，均匀淋上味汁即可。

鸡蓉酿苦瓜

（材料）鸡脯肉200克，苦瓜250克，红椒1个

（调料）盐、胡椒粉各5克，鸡精3克，葱末、姜末各5克

（做法）①将苦瓜洗净，切圆段，挖去瓤；红椒洗净，切片；鸡脯肉洗净，剁蓉，与葱末、姜末、盐、胡椒粉、鸡精一起拌匀，制成馅料。②往锅中加水煮沸，将苦瓜氽烫后捞起，再将馅料灌入苦瓜圈。③将盘放入锅中蒸约20分钟，再摆好红椒片装饰即可。

🥄 水蒸鸡

（材料）鸡1只，海马2条，红枣20克，枸杞20克

（调料）白糖10克，鸡精、盐各5克，食用油适量

（做法）①将鸡处理干净。②先用盐擦匀鸡身内外，再用油擦匀鸡身，往鸡腹内放入洗净的海马、红枣、枸杞，加白糖、鸡精、盐拌匀，装入蒸盘。②往蒸锅中注入适量清水，置于火上烧开，揭开锅盖，放入装有食材的蒸盘。③盖上锅盖，大火蒸约25分钟至熟透。④掀开锅盖，将蒸好的食材取出，斩件后装入盘中，淋上原味的鸡汁即可。

🥄 李子蒸鸡

（材料）鸡肉块400克，李子160克，土豆180克，洋葱40克，红椒片15克

（调料）盐2克，生抽4毫升，八角、姜片、料酒、食用油各少许

（做法）①将洗净去皮的土豆切滚刀块；洗好的洋葱切成片。②往锅中注入适量清水烧开，倒入洗净的鸡肉块，拌匀，余去血渍，捞出，沥干水分，待用。③用油起锅，放入八角、姜片，淋入料酒、生抽，炒匀，注入清水煮沸，加盐，搅拌成味汁。④取一个大碗，放入鸡肉块、李子、土豆块、洋葱、红椒片，倒入味汁，搅拌均匀，倒入蒸碗中。⑤将蒸碗放入烧开的蒸锅中，加盖，大火蒸约10分钟至熟，揭盖，取出食材即可。

香肠蒸鸡

（**材料**）香肠2根，鸡肉300克，西蓝花200克

（**调料**）蚝油、酱油、盐、味精、白糖各5克，胡椒粉2克，料酒10毫升，淀粉少许

（**做法**）①西蓝花洗净，切朵，焯水；香肠切片，装碗摆好；鸡肉洗净，切丁，拌入胡椒粉、料酒，摆香肠上。②将香肠及鸡丁入锅蒸15分钟，留汁。③将鸡肉扣盘内，用西蓝花围边，摆上香肠；汤汁加蚝油、酱油、盐、味精、白糖、胡椒粉拌匀，再加淀粉勾薄芡，淋在食材上即可。

山椒荷叶蒸鸡

（**材料**）鸡肉400克，山椒90克，红椒适量，荷叶1张

（**调料**）盐、味精各5克，酱油、芝麻油、五香粉各适量

（**做法**）①鸡肉洗净，切块；荷叶洗净；山椒洗净，切段；红椒洗净，切片。②将鸡块、山椒、红椒放入铺好荷叶的蒸笼中，加上盐、味精、酱油、芝麻油和五香粉。③往蒸锅中注入适量清水，置于火上烧开，揭开锅盖，放入装有食材的蒸笼。④盖上锅盖，大火蒸约30分钟至熟透。⑤掀开锅盖，将蒸好的食材取出即可。

清蒸白切鸡

（材料）鸡肉500克

（调料）盐、米酒、芝麻油各适量

（做法）①鸡肉洗净，用盐、米酒涂抹鸡身内外，腌渍片刻。②将腌渍好的鸡肉装盘，淋入芝麻油。③往蒸锅中注入适量清水，置于火上烧开，揭开锅盖，放入装有食材的蒸盘。④盖上锅盖，大火蒸约30分钟至熟透。⑤掀开锅盖，将蒸好的食材取出，待凉，切块装盘即可。

冬菜蒸白切鸡

（材料）白切鸡800克，冬菜80克，枸杞15克

（调料）盐2克，鸡粉2克，胡椒粉、食用油各适量，姜末、葱花各少许

（做法）①将处理好的白切鸡斩成块，装入碗中，加冬菜、盐、鸡粉、胡椒粉，搅匀。②蒸锅上火烧开，放上白切鸡，中火蒸20分钟至酥软，掀开锅盖，取出白切鸡。③取一个盘，将白切鸡倒扣在盘里，依次将姜末、枸杞、葱花放在鸡肉上，待用。④热锅注入少许食用油，烧至八成热，将热油浇在鸡肉上即可。

木耳腊肠蒸滑鸡

材料 鸡块450克，水发木耳70克，水发黄花菜70克，腊肠90克，红枣少许

调料 芝麻酱25克，盐3克，鸡粉2克，生抽4毫升，料酒4毫升，蚝油5克，姜片、胡椒粉、食用油各适量

做法 ①将腊肠切成片。②取一大碗，放入腊肠，加入洗净的鸡块、木耳、黄花菜、姜片、红枣，倒入芝麻酱、生抽、料酒、盐、鸡粉、蚝油、胡椒粉，拌匀，装碗。③放入烧开的蒸锅中，用大火蒸30分钟即可。

香菇蒸鸡翅

材料 鸡翅250克，水发香菇2个

调料 盐1克，白糖2克，料酒、生抽各5毫升，生粉、姜丝、蒜片、葱花各适量

做法 ①将洗净的鸡翅切开数道口子；泡好的香菇洗净，切块。②将切好的鸡翅装碗，倒入蒜片、姜丝，加入料酒、生抽、白糖、生粉、盐，放入切好的香菇，拌匀，腌渍15分钟至入味。③将蒸碗放入烧开的蒸锅中，加盖，大火蒸约10分钟至熟，揭盖，把蒸好的食材取出，撒上葱花即可。

山楂蒸鸡肝

材料 山楂50克，山药90克，鸡肝100克，水发薏米80克

调料 盐2克，白醋4毫升，芝麻油2毫升，食用油适量，葱花少许

做法 ①山药洗净去皮，切丁；山楂洗净，切小块；鸡肝洗净，切片。②取榨汁机，将洗好的薏米倒入干磨杯中，加入山楂、山药，选择"干磨"功能，将食材磨碎后装碗，加入鸡肝、盐、白醋、芝麻油，拌匀。③将拌好的食材装盘，放入烧开的蒸锅中，用大火蒸至食材熟透后取出，撒上葱花，淋上热油即可。

豆豉酱蒸鸡腿

（材 料）鸡腿500克，洋葱25克

（调 料）料酒5毫升，生抽5毫升，老抽5毫升，白胡椒粉2克，豆豉酱20克，蚝油3克，盐2克，姜末10克，蒜末10克，葱段5克

（做 法）①洋葱洗净，切丝；处理干净的鸡腿切开，装碗，加洋葱丝、蒜末、姜末、葱段、豆豉酱、盐、蚝油、料酒、生抽、老抽、白胡椒粉，搅拌均匀，腌制2小时，放入蒸盘中。②蒸锅上火烧开，放入鸡腿，小火蒸20分钟至熟透，取出鸡腿装盘即可。

蟹味菇木耳蒸鸡腿

（材 料）蟹味菇150克，水发木耳90克，鸡腿250克

（调 料）生粉50克，盐2克，料酒5毫升，生抽5毫升，食用油适量，葱花少许

（做 法）①将泡发好的木耳洗净，切碎；洗净的蟹味菇切去根部；处理好的鸡腿剔去骨，切成块，装碗，加入盐、料酒、生抽、生粉、食用油拌匀，腌渍15分钟。②取一个蒸盘，倒入木耳、蟹味菇、鸡腿肉入蒸锅蒸15分钟至熟透，取出，撒上葱花即可。

剁椒蒸鸡腿

（材 料）鸡腿200克，红蜜豆35克

（调 料）剁椒酱25克，海鲜酱12克，鸡粉少许，料酒3毫升，姜片、蒜末各少许

（做 法）①取碗，倒入剁椒酱、海鲜酱、姜片、蒜末、料酒、鸡粉，拌匀，制成辣酱。②取一蒸盘，放入洗净的鸡腿，撒上红蜜豆，放入辣酱，铺匀。③蒸锅上火烧开，放入蒸盘，用大火蒸约20分钟，至食材熟透，关火后揭盖，取出即可。

豉汁蒸鸡爪

（材料）鸡爪250克，豆豉10克，红椒10克

（调料）酱油10毫升，水淀粉、料酒各8毫升，盐4克

（做法）①鸡爪清洗干净，切去趾甲，装盘；红椒洗净，切圈。②往蒸锅中注入适量清水，置于火上烧开，放入装有鸡爪的蒸盘，大火蒸15分钟至食材熟透后取出。③油烧热，下鸡爪炸至表皮金黄，捞出。④将盐、豆豉、酱油、水淀粉、料酒拌匀，淋在鸡爪上，入锅蒸熟，撒上红椒即可。

酱汁蒸虎皮凤爪

（材料）鸡爪700克，水发黄豆50克

（调料）蚝油3克，生抽5毫升，盐2克，料酒5毫升，食用油适量，生粉15克，桂皮、八角、姜片各少许

（做法）①将处理干净的鸡爪对半切开后余水。②热锅注油烧热，倒入鸡爪，炸至转色后捞出，放入冰水中浸泡2小时。③锅底留油烧热，倒入桂皮、八角、姜片爆香，加入蚝油、生抽、清水烧开。④加盐、料酒，倒入黄豆，倒入鸡爪炒匀，装盘，撒上生粉拌匀。⑤蒸锅上火烧开，放入鸡爪，大火蒸40分钟后取出即可。

鸭肉蒸菜

粉蒸鸭肉

（材料）鸭肉350克，蒸肉粉50克，水发香菇110克

（调料）盐1克，甜面酱30克，五香粉5克，料酒5毫升，葱花、姜末各少许

（做法）①取一个蒸碗，放入洗净的鸭肉，加入盐、五香粉、料酒、甜面酱，倒入香菇、葱花、姜末，搅拌匀，倒入蒸肉粉，搅拌片刻。②取一个碗，放入鸭肉，待用。③蒸锅上火烧开，放入鸭肉，盖上锅盖，大火蒸30分钟至熟透，掀开锅盖，将鸭肉取出，将鸭肉扣在盘中即可。

芋头蒸鸭肉

（材料）鸭肉400克，芋头500克，蒸肉粉8克

（调料）盐5克，味精1克，淀粉5克，老干妈辣酱8克，胡椒粉少许

（做法）①鸭肉洗净，剁块；芋头去皮，切成薄片，摆入碗底备用。②将鸭肉加老干妈辣酱、蒸肉粉、淀粉拌匀，腌渍入味，然后倒入芋头碗中。③往锅内注入适量水，上蒸架，放鸭肉、芋头入锅，撒上胡椒粉、盐、味精，蒸1小时，取出扣入盘中即可。

清蒸腊板鸭

（材料）腊板鸭半只，红辣椒1个

（调料）红醋、味精、芝麻油各适量，葱丝5克，姜丝6克

（做法）①将腊板鸭洗净，泡发，切成小块，装入盘中，备用；红辣椒切丝，备用。②往蒸锅中注入适量清水，置于火上烧开，放入装有鸭肉的蒸盘，大火蒸约30分钟后取出。③用小碟装入姜丝、红辣椒丝、葱丝，调入红醋、味精、芝麻油，搅拌调成味汁，蘸汁食用即可。

啤酒蒸鸭

（材料）鸭肉400克，啤酒150毫升，水发豌豆180克，水发香菇150克

（调料）盐2克，老抽5毫升，水淀粉9毫升，胡椒粉2克，食用油适量，姜末、葱段少许

（做法）①将泡发好的香菇洗净，切去蒂，对半切开。②取碗，放入鸭肉、姜末、葱段、豌豆、香菇，倒入啤酒，加盐、胡椒粉、老抽、水淀粉、食用油，拌匀，腌渍15分钟至入味，装入蒸盘。③将蒸盘放入烧开的蒸锅中，大火蒸40分钟。④往热锅中注水煮沸，加入水淀粉、食用油，调成芡汁，浇在鸭肉上即可。

鸽肉蒸菜

🥄 火腿鸽子合蒸

（材料）鸽肉500克，熟火腿片100克，清汤适量

（调料）料酒、盐、葱末、姜末各适量

（做法）①将鸽肉洗净，氽烫至熟，捞出。②将鸽肉装盘，加葱末、姜末、料酒、盐，蒸至七成熟，取出，去骨；将鸽肉放在汤碗内的一边，另一边放熟火腿片。③将清汤倒入盛鸽肉的汤碗内，上锅蒸熟即可。

🥄 香菇蒸鸽子

（材料）鸽肉350克，香菇丝40克，去核红枣20克，姜片、葱花各少许

（调料）盐、鸡粉各2克，生粉10克，生抽、料酒各5毫升，食用油、芝麻油各适量

（做法）①将洗净的鸽子肉切开，斩成小块。②把肉块装碗，加入鸡粉、盐、生抽、料酒，拌匀，撒上姜片，放入红枣，倒入香菇丝，再撒上生粉，拌匀上浆。③淋入少许芝麻油，腌渍至鸽肉入味。④取一个蒸盘，放入腌渍好的食材；蒸锅上火烧开，放入蒸盘，用中火蒸约15分钟，至食材熟透。⑤取出蒸好的材料，撒上葱花，浇上热油即可。

蛋类蒸菜

彩蔬蒸蛋

（材料）鸡蛋2个，玉米粒45克，豌豆25克，胡萝卜30克，香菇15克

（调料）盐、鸡粉各3克，食用油少许

（做法）①香菇洗净，切丁；胡萝卜洗净，切丁；胡萝卜、香菇、玉米粒、豌豆均入沸水锅中焯煮至断生。②取一个大碗，打入鸡蛋，加盐、鸡粉、清水，拌匀，倒入蒸盘，待用。③将焯过水的食材装碗，加盐、鸡粉、食用油拌匀。④蒸锅上火烧开，放入蒸盘，用中火蒸约5分钟后铺上拌好的食材，用中火再蒸约3分钟至食材熟透即可。

香菇蒸蛋羹

（材料）鸡蛋2个，香菇50克

（调料）盐、鸡粉各3克，生粉10克，生抽5毫升，芝麻油、食用油各适量，葱花少许

（做法）①将洗净的香菇切条形，再切成小丁块，入沸水锅中焯煮至断生后捞出。②将鸡蛋打入碗中，加盐、清水、芝麻油，拌匀成蛋液，倒入蒸碗中。③把焯过水的香菇装碗，加生抽、盐、鸡粉、生粉、芝麻油，拌匀成酱料。④蒸锅上火烧开，放入调好的蛋液，用小火蒸至六七成熟，均匀地放上酱料，续蒸5分钟至熟，取出，撒葱花即可。

🥚 鸡蛋蒸糕

（材料）鸡蛋2个，菠菜30克，洋葱35克，胡萝卜40克

（调料）盐2克，鸡粉少许，食用油4毫升

（做法）①胡萝卜去皮，洗净，切成薄片；菠菜洗净；洋葱洗净，切成末。②将胡萝卜片、菠菜分别入沸水锅中焯煮至断生后捞出，均剁成末。③鸡蛋打入碗中，加盐、鸡粉，搅拌均匀后倒入胡萝卜末、菠菜末、洋葱末，注入清水、食用油，拌匀成蛋液，装入汤碗。④蒸锅上火烧开，放入装有蛋液的汤碗，用小火蒸约12分钟至全部食材熟透，取出即可。

🥚 节瓜粉丝蒸水蛋

（材料）节瓜丝200克，粉丝10克，鸡蛋1个

（调料）盐、鸡精各2克，酱油、芝麻油各3毫升，葱花5克

（做法）①鸡蛋打散，加开水、盐、鸡精搅匀。②粉丝泡发后切断。③取一碗，倒入调好的蛋液，放入节瓜丝、粉丝。④往蒸锅中注入适量清水，置于火上烧开，揭开锅盖，放入装有食材的蒸碗。⑤盖上锅盖，大火蒸约8分钟至熟透。⑥掀开锅盖，将蒸好的食材取出，撒上葱花，淋上酱油、芝麻油即可。

豆浆蒸蛋

（材料）鸡蛋100克，豆浆200毫升

（调料）盐少许

（做法）①将鸡蛋打入大碗中，撒上少许盐，打散，搅匀，倒入备好的豆浆，搅拌匀，制成蛋液，待用。②取一个干净的小碗，倒入蛋液，静置片刻。③蒸锅上火烧开，放入装有蛋液的小碗，盖上盖子，用大火蒸约8分钟至食材熟透，关火后揭下盖子，取出蒸好的蛋液即可。

蒸新鲜鸭蛋

（材料）咸鸭蛋、新鲜鸭蛋各3个

（调料）盐1克，食用油少许，葱末10克

（做法）①将咸鸭蛋入蒸碗，取蛋白，再加入新鲜鸭蛋，加盐混匀，加入大半碗温水，用筷子搅打均匀，放入咸蛋黄。②往打好的蛋液中加入少许食用油。③往蒸锅中注入适量清水，置于火上烧开，揭开锅盖，放入装有食材的蒸碗。④盖上锅盖，大火蒸约20分钟至熟透。⑤掀开锅盖，将蒸好的食材取出，撒上葱末即可。

肉末蒸蛋

(材料) 鸡蛋3个，肉末90克

(调料) 盐2克，鸡粉2克，生抽2毫升，料酒2毫升，食用油适量，姜末、葱花各少许

(做法) ①用油起锅，倒入姜末，爆香，放入肉末炒至变色，加入生抽、料酒、鸡粉、盐炒匀，盛出。②取一个小碗，打入鸡蛋，加入盐、鸡粉，调匀，分次注入温开水，调成蛋液，装入蒸碗，撇去浮沫。③蒸锅上火烧开，放入蒸碗，用中火蒸约10分钟至熟，取出蒸碗，撒上炒好的肉末，点缀上葱花即可。

水蒸鸡蛋糕

(材料) 鸡蛋2个，玉米粉85克，泡打粉5克

(调料) 白糖5克，生粉、食用油各适量

(做法) ①将鸡蛋的蛋清和蛋黄分装，待用。②再取一个碗，放入玉米粉、蛋黄、白糖、泡打粉、清水，拌匀至起劲，发酵15分钟后成玉米面糊。③取蛋清，用打蛋器拌匀，加生粉，打至起白色泡沫。④另取一个小碗，抹上食用油，放入玉米面糊，中间挤压出小窝，倒入蛋清，静置片刻后放入烧开的蒸锅中，用中火蒸约15分钟至熟，取出即可。

鱼香蒸蛋

（材料）鸡蛋2个，肉末50克，水发木耳末25克

（调料）葱花5克，豆瓣酱、盐、白糖、醋、芝麻油、水淀粉、食用油、姜末、蒜末各适量

（做法）①将鸡蛋打散，加盐、水搅匀，入蒸锅蒸熟。②油烧热，下肉末炒散，加蒜末、姜末、豆瓣酱炒香，再加盐、白糖、水煮开，放入木耳末炒匀，用水淀粉勾芡，淋入醋、芝麻油，撒葱花，制成鱼香汁。③将鱼香汁淋在蒸蛋上即可。

木耳枸杞蒸蛋

（材料）鸡蛋2个，木耳1朵，水发枸杞少许

（调料）盐2克

（做法）①将洗净的木耳切粗条，改切成块。②取一碗，打入鸡蛋，加入盐，搅散，倒入适量温水，加入木耳，拌匀。③往蒸锅内注入适量清水烧开，放上碗，加盖，中火蒸10分钟至熟。④揭盖，关火后取出蒸好的鸡蛋，放上洗净的枸杞即可。

核桃蒸蛋羹

- (材料) 鸡蛋2个，核桃仁3个

- (调料) 红糖15克，黄酒5毫升

- (做法) ①备一玻璃碗，倒入温水，放入红糖，搅拌至溶化。②备一空碗，打入鸡蛋，打散至起泡，往蛋液中加入黄酒，拌匀，倒入红糖水，拌匀，待用。③往蒸锅中注水烧开，揭盖，放入处理好的蛋液，盖上盖，用中火蒸8分钟。④揭盖，取出蒸好的蛋羹，撒上捣碎的核桃仁即可。

白果蒸鸡蛋

- (材料) 鸡蛋2个，白果10克

- (调料) 盐、鸡粉各1克

- (做法) ①取一个碗，打入鸡蛋，加入盐、鸡粉，注入温开水，搅散，待用。②往蒸锅内注水烧开，放入调好的蛋液，盖上盖，用小火蒸10分钟，揭盖，放入洗好的白果。③盖上盖，再蒸5分钟至熟，揭盖，取出蒸好的蛋羹即可。

蚝干蒸蛋

（材料）蚝干100克，鸡蛋2个

（调料）盐3克

（做法）①蚝干洗净，泡发，氽烫，捞起沥干。②鸡蛋装碗，加500毫升温水，加盐打成蛋液，以细滤网滤过，盛于蒸碗内。③往蒸锅中注入适量清水，置于火上烧开，揭开锅盖，放入装有食材的蒸碗。④盖上锅盖，大火蒸约10分钟，掀盖，将蚝干加入，续蒸10分钟。⑤掀开锅盖，将蒸好的食材取出待凉，即可食用。

蛤蜊蒸水蛋

（材料）蛤蜊250克，鸡蛋3个

（调料）盐3克，料酒、花生油各适量，葱、红椒各15克

（做法）①将蛤蜊处理干净，用盐、料酒拌匀，腌渍入味备用；葱洗净，切花；红椒去蒂洗净，切粒。②鸡蛋去壳打散，加盐、花生油、清水拌匀，入锅蒸熟后取出。③锅入水烧开，加盐，放入蛤蜊氽熟，捞出沥干，摆在蒸水蛋上，撒上红椒粒、葱花即可。

虾米花蛤蒸蛋羹

（材料）鸡蛋2个，虾米20克，蛤蜊肉45克

（调料）盐1克，鸡粉1克，葱花少许

（做法）①取一个大碗，打入鸡蛋，倒入洗净的蛤蜊肉、虾米，加入盐、鸡粉，搅拌均匀，注入温开水，拌匀成蛋液，倒入蒸碗中。②蒸锅上火烧开，放入蒸碗，盖上锅盖，用中火蒸约10分钟至蛋液凝固。③揭开锅盖，取出蒸碗，撒上葱花即可。

北极贝蒸蛋

（材料）北极贝60克，鸡蛋3个，蟹柳55克

（调料）盐2克，鸡粉少许

（做法）①蟹柳洗净，切丁；鸡蛋打入碗中，搅散，加清水、盐、鸡粉、蟹柳丁，快速搅拌匀，制成蛋液，倒入蒸碗中，待用。②蒸锅上火烧开，放入蒸碗，用中火蒸约6分钟，至食材断生。③揭盖，再把备好的北极贝放入蒸碗中，转大火蒸约5分钟，至食材熟透。④关火后揭盖，待蒸汽散开，取出蒸碗即可。

参莲蒸蛋

(材料) 鸡蛋2个，水发莲子50克，人参末6克

(调料) 盐2克，鸡粉2克

(做法) ①将莲子洗净；往砂锅中注水烧开，放入洗净的莲子、人参，烧开后用小火煮20分钟，至其析出有效成分。②揭开锅盖，将煮好的药汁盛入碗中，加入适量清水。③鸡蛋打入碗中，加入盐、鸡粉，调匀，倒入调好的药汁，搅匀，装碗。④蒸锅上火烧开，放入蒸碗，盖上锅盖，用小火蒸10分钟至蛋液凝固，揭开锅盖，取出蒸碗即可。

酸枣仁芹菜蒸蛋

(材料) 鸡蛋2个，芹菜40克，酸枣仁粉少许

(调料) 盐、鸡粉各2克

(做法) ①芹菜洗净，切成碎末；把鸡蛋打入碗中，加盐、鸡粉，搅匀，倒入酸枣仁粉，拌匀。②放入芹菜末，搅散，注入适量清水，拌匀，制成蛋液，装碗，待用。③蒸锅上火烧开，放入蒸碗，盖上盖，用中火蒸约8分钟至熟。④揭开盖，取出蒸碗，待稍微放凉后即可食用。

鹿茸蒸蛋

材料 鸡蛋100克，鹿茸2克

调料 盐、鸡粉各少许

做法 ①鹿茸洗净，切成细末；鸡蛋打入碗中，加入盐、鸡粉，打散调匀，撒上切好的鹿茸，注入适量温水，搅匀，制成蛋液。②取一个干净的蒸碗，倒入蛋液，静置片刻，待用。③蒸锅上火烧开，放入蒸碗，盖上盖，用中火蒸约10分钟，至食材熟透，揭盖，取出蒸好的菜肴，待稍微冷却后即可。

太极鸳鸯蒸蛋

材料 鸡蛋2个，鹌鹑蛋5个，菠菜30克

调料 盐2克，鸡精2克，芝麻油3毫升

做法 ①菠菜洗净，去根茎留叶，切末。②鸡蛋打入碗里，调入盐、鸡精搅拌均匀；鹌鹑蛋打入另一碗内，倒入菠菜末，调入盐、鸡精拌匀。③取一盆，中间用纸隔开，两边分别倒入鸡蛋液和鹌鹑蛋液，蒸约10分钟，端出，淋上芝麻油即可。

鸳鸯蒸蛋卷

（材料）鸡蛋3个，韭黄段100克，猪肉丝150克，胡萝卜1根

（调料）盐4克，胡椒粉3克，姜丝3克

（做法）①将猪肉丝、胡萝卜、姜丝装碗，调入盐、胡椒粉拌匀。②将蛋液煎成蛋皮，一边裹上韭黄，另一边裹上猪肉丝、胡萝卜丝，然后对卷，摆盘。③往蒸锅中注入适量清水，置于火上烧开，揭开锅盖，放入装有食材的蒸盘。④盖上锅盖，大火蒸至熟透。⑤掀开锅盖，将蒸好的食材取出，切成小段，摆盘即可。

三色蒸蛋

（材料）咸鸭蛋1个，皮蛋1个，鸡蛋2个

（调料）盐2克，鸡精2克

（做法）①将咸鸭蛋、皮蛋均去壳，切碎；鸡蛋打入碗中，蛋黄、蛋白分开打散，分别加盐、鸡精、清水搅匀。②取一大碗，依次放入蛋白、咸蛋、皮蛋、蛋黄。③将大碗放入烧开的蒸锅中蒸15分钟，至食材熟，取出碗放凉，把食材倒出，切成厚块即可。

肉末蒸鹅蛋羹

（材料）鹅蛋1个，肉末120克，高汤适量

（调料）盐1克，鸡粉1克，胡椒粉1克，料酒4毫升，生抽2毫升，芝麻油、生粉、食用油各适量，葱花少许

（做法）①用油起锅，倒入肉末，炒至变色，加入料酒、生抽，炒匀，制成肉馅。②鹅蛋入碗中，加盐、鸡粉、胡椒粉、芝麻油拌匀，倒入高汤，撒上生粉拌匀。③往蒸锅中放入蛋液，用中火蒸6分钟，放入肉馅，铺开，续蒸4分钟至熟，取出，加芝麻油、葱花即可。

香菇肉末蒸鸭蛋

（材料）香菇45克，鸭蛋2个，肉末200克

（调料）盐3克，鸡粉3克，生抽4毫升，食用油适量，葱花少许

（做法）①香菇洗净，切粒；鸭蛋打入碗中，搅散，加盐、鸡粉、温水拌匀。②用油起锅，放入肉末炒至变色，加香菇粒炒香，放生抽、盐、鸡粉调味。③把蛋液放入烧开的蒸锅中，用小火蒸约10分钟至蛋液凝固，把香菇肉末放在蛋羹上，续蒸2分钟至熟后取出，撒上葱花，浇上熟油即可。

豆腐蒸鹌鹑蛋

（材料）豆腐200克，熟鹌鹑蛋45克，肉汤100毫升

（调料）鸡粉2克，生抽4毫升，水淀粉、食用油各适量，盐少许

（做法）①豆腐洗净，切条；熟鹌鹑蛋去皮，对半切开。②把豆腐装盘，挖小孔，放入鹌鹑蛋，摆好，撒上盐。③蒸锅上火烧开，放入蒸盘，用中火蒸约5分钟至熟，取出蒸盘，待用。④用油起锅，倒入肉汤、生抽，加入鸡粉、盐调味，倒入水淀粉，调成味汁，浇在豆腐上即可。

木瓜炖鹌鹑蛋

（材料）木瓜1个，银耳10克，鹌鹑蛋8个，红枣10克

（调料）冰糖20克

（做法）①银耳泡发，撕碎；红枣、银耳洗净；冰糖敲碎；鹌鹑蛋煮熟，去壳。②木瓜洗净，去籽，挖出空位，放入冰糖、红枣、鹌鹑蛋、银耳，装盘。③将盘放入蒸锅蒸约20分钟，至木瓜软熟，取出即可。

蒸素菜

开水蒸白菜

材料 白菜心300克，枸杞5克，上汤适量

调料 盐3克，胡椒粉3克

做法 ①白菜心洗净。②往锅内加水，调入盐、胡椒粉煮开，下白菜心焯至断生捞出，入冷水漂冷透再捞出装碗。③锅洗净，放入上汤烧沸，加入洗净的枸杞煮3分钟，倒入装白菜的碗内，上笼蒸熟即可。

蒸白菜

材料 白菜500克，香菇2朵，虾米、火腿各适量

调料 盐3克，食用油适量，葱段、姜片、胡椒粉各少许

做法 ①香菇、虾米泡软，洗净；白菜洗净；火腿切片；香菇洗净，切片。②将香菇、火腿夹在白菜间，放入蒸盘，放上虾米，加盐、胡椒粉调匀，淋上食用油。③放入蒸锅，加葱段和姜片，蒸熟即可。

蒜蓉蒸娃娃菜

（材料）娃娃菜350克，水发粉丝200克

（调料）盐、鸡粉各1克，生抽5毫升，食用油适量，红彩椒粒、蒜末各15克，葱花少许

（做法）①将泡好的粉丝切段；洗好的娃娃菜切粗条，摆在盘四周，放上粉丝。②往蒸锅内注水烧开，放上装有食材的盘子，用大火蒸15分钟至熟，取出。③另起锅注油，倒入蒜末，爆香，加入生抽，倒入红彩椒粒，拌匀，加盐、鸡粉，炒至入味后盛出，浇在娃娃菜上，撒葱花即可。

剁椒腐竹蒸娃娃菜

（材料）娃娃菜300克，水发腐竹80克，剁椒40克

（调料）白糖3克，生抽7毫升，食用油适量，蒜末、葱花各少许

（做法）①将洗好的娃娃菜切成条；腐竹洗净，切段。②往锅中注水烧开，倒入娃娃菜，焯煮片刻至断生后捞出，摆放在盘内，放上腐竹。③热锅注油烧热，倒入蒜末、剁椒，翻炒爆香，加白糖炒匀，浇在娃娃菜上。④蒸锅上火烧开，放入娃娃菜，大火蒸10分钟至入味后取出，撒葱花，淋生抽即可。

桂花蜜糖蒸萝卜

（材料）白萝卜180克，桂花15克，枸杞少许

（调料）蜂蜜25克

（做法）①将去皮洗净的白萝卜切成均匀的厚片，用梅花形模具制成萝卜花，再用小刀在萝卜花的中间部位挖出小圆孔，待用。②把洗净的桂花放在小碟中，加入蜂蜜拌匀，制成糖桂花，待用。③取一个蒸盘，放入备好的萝卜花，摆放整齐，将糖桂花放入萝卜花的圆孔处，点缀上洗净的枸杞，待用。④蒸锅上火烧开，放入蒸盘，盖上盖，用中火蒸约15分钟至食材熟透。⑤关火后揭盖，取出蒸好的菜肴，待稍微冷却后即可食用。

粉蒸胡萝卜丝

（材料）胡萝卜300克，蒸肉粉80克，黑芝麻10克

（调料）盐2克，芝麻油5毫升，蒜末、葱花各少许

（做法）①将洗净去皮的胡萝卜切丝。②取一个碗，倒入胡萝卜丝，加入盐，倒入蒸肉粉，搅拌片刻，装入蒸盘中。③蒸锅上火烧开，放入蒸盘，大火蒸5分钟至入味。④掀开锅盖，将胡萝卜取出，倒入碗中，加入蒜末、葱花，撒上黑芝麻，再淋入芝麻油，搅匀，装入盘中即可。

🍲 澳带蒸西蓝花

(材料) 带子300克，西蓝花250克，胡萝卜片适量

(调料) 盐、味精各适量

(做法) ①带子洗净，去壳，取肉；西蓝花洗净，切块。②将西蓝花、带子、胡萝卜片放入盘中。③加入盐、味精，搅拌至入味。④往蒸锅中注入适量清水，置于火上烧开，揭开锅盖，放入装有食材的蒸盘。⑤盖上锅盖，大火蒸约20分钟至熟透。⑥掀开锅盖，将蒸好的食材取出待凉，即可食用。

🍲 酒醉蒸冬笋

(材料) 冬笋400克

(调料) 盐3克，白酒15毫升，白糖30克，鸡油10毫升

(做法) ①将冬笋洗净，放入沸水锅中焯烫捞出，用冷水冲凉，切成薄片备用。②把冬笋放入小碗里，加盐、白糖、白酒、鸡油拌匀。③盖上碗盖。④往蒸锅中注入适量清水，置于火上烧开，揭开锅盖，放入装有食材的碗。⑤盖上锅盖，大火蒸约20分钟至熟透。⑥掀开锅盖，将蒸好的食材取出待凉即可。

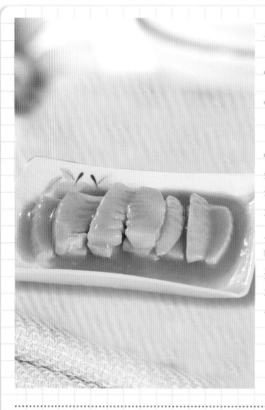

鲜蒸冬笋

(材料) 冬笋500克，清汤100毫升

(调料) 胡椒粉1克，料酒20毫升，盐3克，鸡油、芝麻油各适量

(做法) ①将冬笋外壳剥去，洗净，切成条。②取一大碗，加入清汤、胡椒粉、料酒、盐搅匀，再加入冬笋条，再将鸡油覆盖在上面。③往蒸锅中注入适量清水，置于火上烧开，揭开锅盖，放入装有食材的蒸碗。④盖上锅盖，大火蒸约30分钟至熟透。⑤掀开锅盖，将蒸好的食材取出。⑥取冬笋条，在盘中码放整齐。⑦将芝麻油和适量原汁兑匀，淋在冬笋条上即可。

梅菜蒸冬瓜

(材料) 冬瓜220克，水发梅干菜140克

(调料) 鸡粉2克，老抽2毫升，生抽4毫升，水淀粉适量

(做法) ①将洗净的梅干菜切成细末；洗净去皮的冬瓜切成大小均匀的块。②炒锅置火上，倒入梅菜末，炒干水分，再加入少许鸡粉、老抽，炒匀，关火后盛出，待用。③取一个蒸碗，放入冬瓜块，码放整齐，再撒上炒好的梅干菜，铺开、摊平。④蒸锅上火烧开，放入蒸碗，盖上盖，用中火蒸约20分钟至食材熟透后取出。⑤待凉后将碗倒扣在盘中，滤出汤汁，倒入锅中，再取下蒸碗，待用。⑥锅中汤汁用大火加热，加入鸡粉，拌匀，淋上生抽，用水淀粉勾芡，制成味汁，浇在蒸好的食材上即可。

虾皮蚝油蒸冬瓜

（材料）冬瓜250克，虾皮60克

（调料）盐2克，鸡粉2克，蚝油8克，食用油各适量，姜片、蒜末、葱段各少许

（做法）①将洗净去皮的冬瓜切成小块，装入盘中，待用。②用油起锅，放入姜片、蒜末、葱段，爆香。③倒入虾皮炒匀，淋入蚝油炒香，倒入冬瓜炒匀，加盐、鸡粉调味，倒入蒸盘。④蒸锅上火，用大火烧开，放入蒸盘。⑤盖上盖，用大火蒸至食材熟透，盛出，装入盘中即可。

泽泻蒸冬瓜

（材料）泽泻粉8克，冬瓜400克

（调料）鸡粉2克，料酒4毫升，姜片、葱段、枸杞各少许

（做法）①将冬瓜洗净，去皮，切片待用。②取一个蒸碗，倒入冬瓜、泽泻粉、姜片、葱段，放入鸡粉，淋入料酒，搅拌匀，放入蒸盘。③蒸锅上火烧开，放入冬瓜，盖上锅盖，大火蒸20分钟至熟透。④掀开锅盖，将蒸碗取出，撒上洗净的枸杞即可。

黄金蒸酿节瓜

材料 节瓜300克，咸蛋6个，鸡蛋清适量

调料 盐、淀粉、芝麻油各适量

做法 ①节瓜洗净，去皮，切成圈段；咸蛋蒸熟，取出蛋黄，备用。②往锅内注水烧沸，放节瓜焯烫，捞出沥干，摆盘。③每个节瓜圈内放咸蛋黄，然后放在蒸盘中。④往蒸锅中注入适量清水，置于火上烧开，揭开锅盖，放入装有食材的蒸盘。⑤盖上锅盖，大火蒸约5分钟至熟透。⑥掀开锅盖，将蒸好的食材取出，倒出汤汁备用。⑦将汤汁倒入净锅，上火烧开，加淀粉勾芡成汁，浇在节瓜上，淋鸡蛋清、芝麻油即可。

蒜蓉蒸丝瓜

材料 丝瓜300克，蒜20克

调料 盐3克，味精1克，食用油适量，生抽少许

做法 ①丝瓜去皮后洗净，切成长条状，均匀排入盘中。②蒜去皮，剁成蓉，下油锅中爆香，再加盐、味精、生抽拌匀，盛出，淋于丝瓜条上。③往蒸锅中注入适量清水，置于火上烧开，揭开锅盖，放入装有食材的蒸盘。④盖上锅盖，大火蒸约5分钟至熟透。⑤掀开锅盖，将蒸好的食材取出即可。

湘味蒸丝瓜

（材料）丝瓜350克，水发粉丝150克，剁椒50克

（调料）料酒5毫升，蚝油5克，鸡粉、白糖、食用油、蒜末、姜末、葱花各适量

（做法）①丝瓜洗净去皮，切成段，装盘。②热锅注油烧热，倒入姜末、蒜末、爆香，倒入备好的剁椒，炒匀，倒入料酒、鸡粉、白糖、蚝油，注入清水炒匀，将炒的酱汁盛出。③在丝瓜上摆上泡发好的粉丝，倒上酱汁，放入烧开的蒸锅中，中火蒸10分钟至入味，将丝瓜取出，撒上葱花即可。

梅干菜蒸南瓜

（材料）南瓜300克，水发梅干菜200克，豆豉30克

（调料）盐2克，鸡粉2克，食用油适量，葱花、姜末、蒜末各少许

（做法）①将洗净去皮的南瓜切块；泡发好的梅干菜切段，倒入热锅中，翻炒去多余水分，装碗。②热锅注油烧热，倒入姜末、蒜末、葱花、豆豉，爆香，倒入南瓜，加入盐、鸡粉，翻炒炒匀，盛出放入梅菜碗中，搅拌均匀，装入蒸碗。③往蒸锅内注水烧开，放入拌好的食材，大火蒸20分钟至熟透即可。

百合蒸南瓜

（材料）南瓜200克，鲜百合70克

（调料）冰糖30克，水淀粉4毫升，食用油适量

（做法）①将洗净去皮的南瓜切条，再切成块，整齐摆入盘中。②将冰糖、洗净的鲜百合摆在南瓜上，待用。③往蒸锅内注水烧开，放入南瓜，盖上锅盖，大火蒸25分钟至熟软，掀开锅盖，将南瓜取出。④另取一锅，倒入锅中的糖水，加入水淀粉，搅拌匀，淋入食用油，调成芡汁，将调好的糖汁浇在南瓜上即可。

八宝南瓜蒸

（材料）南瓜300克，糯米100克，蜜饯50克，葡萄干5克，细豆沙50克，莲子15克

（调料）白糖50克，糖桂花适量，芝麻油少许

（做法）①将南瓜洗净，去皮、瓤，切梯形状；糯米洗净；莲子洗净，入沸水焯至断生，捞出。②将蜜饯、葡萄干、细豆沙、莲子、白糖和糯米拌匀，装入装盘摆好的南瓜中。③往蒸锅中注入适量清水，置于火上烧开，揭开锅盖，放入装有食材的蒸盘。④盖上锅盖，大火蒸约20分钟至熟透。⑤掀开锅盖，将蒸好的食材取出。⑥用白糖、糖桂花打汁，淋上芝麻油，浇在八宝南瓜上即可。

红枣蒸南瓜

材料 南瓜500克，红枣25克

调料 白糖10克

做法 ①将南瓜削去硬皮、去籽，洗净后，切成厚薄均匀的片；红枣泡发，洗净。②将南瓜片装入盘中，加入白糖搅拌均匀，摆上红枣。③往蒸锅中注入适量清水，置于火上烧开，揭开锅盖，放入装有食材的蒸盘。④盖上锅盖，大火蒸约30分钟至熟透。⑤掀开锅盖，将蒸好的食材取出即可食用。

苦瓜玉米蒸蛋

材料 苦瓜250克，玉米粒100克，鸡蛋液80克，水发粉丝150克，胡萝卜片50克

调料 盐3克，生抽5毫升，白糖2克，鸡粉2克，蚝油3克，水淀粉4毫升，芝麻油3毫升，食用油适量

做法 ①将泡发好的粉丝切碎；洗净的苦瓜切成段，挖去瓤。②玉米粒、苦瓜入沸水锅中焯煮后捞出。③胡萝卜片摆入盘中，再摆上苦瓜段，在苦瓜段内放入玉米粒，中间摆上粉丝。④蒸锅上火烧开，放入苦瓜盅，大火蒸5分钟后揭盖，浇上蛋液，续蒸5分钟后取出。⑤取一个碗，加入盐、生抽、清水、白糖、鸡粉、蚝油、水淀粉，拌匀成酱汁。⑥将酱汁入油锅炒匀，倒入芝麻油，搅匀，将调好的酱汁浇在苦瓜盅上即可。

🍯 蜂蜜蒸木耳

（**材料**）水发木耳15克，枸杞10克

（**调料**）红糖、蜂蜜各少许

（**做法**）①将木耳洗净，切朵。②取一个干净的碗，倒入洗好的木耳，加入少许蜂蜜、红糖，搅拌均匀，倒入蒸盘，备用。③蒸锅上火，用大火烧开，放入蒸盘。④盖上锅盖，用大火蒸20分钟至其熟透。⑤关火后揭开锅盖，将蒸好的木耳取出。⑥撒上少许枸杞点缀即可。

🍯 泽泻蒸马蹄

（**材料**）马蹄200克，泽泻粉5克

（**调料**）盐、鸡粉、芝麻油各少许

（**做法**）①将马蹄去皮，清洗干净，装入一个干净的大碗中，加入泽泻粉，搅拌均匀，再加盐、鸡粉，淋芝麻油拌匀。②往蒸锅中注入适量清水，置于火上烧开，揭开锅盖，放入装有食材的蒸盘。③盖上锅盖，大火蒸约30分钟至熟透。④掀开锅盖，将马蹄取出即可食用。

粉蒸芋头

(材 料) 去皮芋头400克，蒸肉粉130克

(调 料) 甜辣酱30克，盐2克，葱花、蒜末各少许

(做 法) ①将洗净的芋头对半切开，切长条，装碗，倒入甜辣酱，放入少许葱花。②倒入蒜末，加入盐，拌匀，倒入蒸肉粉，拌匀，将拌好的芋头摆在备好的盘中，待用。③蒸锅注水烧开，放入拌好的芋头，加盖，用大火蒸25分钟至熟，揭盖，取出蒸好的芋头，撒上剩余葱花即可。

剁椒蒸香芋

(材 料) 香芋300克，剁椒40克，豆豉30克

(调 料) 食用油适量，蒜末、姜末各少许

(做 法) ①将洗净去皮的香芋切成块，倒入油锅中，炸至金黄色后捞出。②锅留底油，倒入姜末、蒜末、豆豉、剁椒，爆香，注入清水，略煮，盛出，倒入香芋，搅拌均匀，装盘。③蒸锅注水烧开，放入香芋，大火蒸10分钟至熟软，掀开锅盖，将香芋取出即可。

青椒蒸芋头

(材料) 芋头200克，青椒50克

(调料) 盐2克，白糖5克，食用油适量

(做法) ①青椒洗净，切开，去籽，切成条；将芋头削去粗皮，清洗干净，切成条，放入油锅中略微炸至变色后捞出，备用。②将炸好的芋头与青椒拌在一起，加入盐、白糖，拌匀调味，装在盘子中。③将装有芋头、青椒的盘子放入已经烧开的蒸锅中，大火蒸10分钟至其熟透，取出即可。

剁椒蒸芋丸

(材料) 芋头500克，剁椒50克

(调料) 红油20毫升，盐5克，鸡精1克，芝麻油10毫升，葱花50克

(做法) ①将芋头洗净，蒸熟，去皮，捣成泥。②将芋头、剁椒、葱花一起装盘，加红油、盐、鸡精拌匀，捏成丸子。③往蒸锅中注入适量清水，置于火上烧开，揭开锅盖，放入装有食材的蒸盘。④盖上锅盖，大火蒸约30分钟，至食材熟透。⑤掀开锅盖，将蒸好的食材取出，淋入芝麻油即可。

清蒸莲藕丸子

材 料 莲藕300克，糯米粉80克

调 料 鸡粉2克，盐2克，食用油适量

做 法 ①将莲藕去皮，洗净，切丁，用刀将藕丁拍碎，再切成末。②将莲藕末装入碗中，加鸡粉、盐拌匀，再放入糯米粉，继续搅拌成泥。③往干净的盘子里面淋上食用油，用手抹匀，防止丸子粘在碟子上破坏造型，再用手将莲藕泥挤成丸子，装入盘中，待用。④将丸子放入烧开的蒸锅里面，加盖，蒸10分钟至熟。⑤揭开盖子，把蒸熟的丸子取出即可。

黑米蒸莲藕

材 料 莲藕150克，水发黑米100克

调 料 白糖适量

做 法 ①将去皮洗净的莲藕切下一个小盖子。②将淘洗好的黑米填入莲藕孔中，塞满，压实。③往盖子中塞入黑米，盖在莲藕上，插入牙签，固定封口。④把塞满黑米的莲藕放入烧开的蒸锅中，盖上盖，小火蒸30分钟至熟。⑤揭盖，将莲藕取出，装入碗中。⑥把蒸熟的莲藕切成片，摆入盘中，再撒上白糖即可。

蜂蜜蒸红薯

（材料）红薯300克

（调料）蜂蜜适量

（做法）①将红薯洗净，去皮，修平整，切成菱形状。②把切好的红薯摆入蒸盘中，备用。③蒸锅上火烧开，放入蒸盘，盖上盖，用中火蒸约15分钟至红薯熟透。④揭盖，取出蒸盘，待稍微放凉后浇上蜂蜜即可。

清蒸红薯

（材料）红薯350克

（做法）①将洗净去皮的红薯切滚刀块，装入蒸盘中，待用。②往蒸锅中注入适量清水，置于火上烧开，放入装有食材的蒸盘，用中火蒸约15分钟，至红薯熟透。③揭盖，取出蒸好的红薯，待稍微放凉后即可。

凉拌蒸茄子

(材料) 茄子段160克

(调料) 盐、鸡粉各2克，白糖少许，生抽5毫升，陈醋10毫升，芝麻油适量，葱条少许

(做法) ①将洗净的葱条切细丝。②取一个小碗，加入少许盐、鸡粉、白糖，淋入适量生抽，倒入适量陈醋、芝麻油，快速拌匀，调成味汁，待用。③蒸锅上火烧开，放入备好的茄子段，盖上锅盖，用中火蒸约20分钟，至食材熟透。④关火后取出蒸好的茄子，放凉待用。⑤取出放凉的茄子，撕成条形，放在盘中，码放好，再倒入调好的味汁，点缀上葱丝即可。

蒸茄子

(材料) 茄子500克

(调料) 辣椒油20毫升，盐3克，红辣椒末适量，葱花6克，姜末3克，蒜末6克

(做法) ①将茄子去皮，洗净，切成一指长的条，备用。②将辣椒油加盐、葱花、姜末、蒜末、红辣椒末一起拌匀，备用。③将切好的茄条放入蒸笼中，蒸7分钟后取出，淋上调好的辣椒油即可。

🍲 红冠油蒸茄子

(材 料) 茄子500克，红椒50克

(调 料) 盐3克，味精2克，食用油适量，蒜末20克

(做 法) ①将茄子去蒂，洗净，切成两段后，对半剖开，切花刀；红椒洗净，切块，备用。②锅上火，倒入油烧热，放入茄子、红椒，炸熟后摆入盘中。③调入盐、味精，加入蒜末，搅拌均匀。④往蒸锅中注入适量清水，置于火上烧开，放入装有食材的蒸盘，大火蒸约10分钟，至其熟软后取出即可。

🍲 麻酱蒸茄子

(材 料) 茄子2根

(调 料) 芝麻酱50克，盐3克，芝麻油少许，蒜2瓣

(做 法) ①将蒜去皮，洗干净，拍碎，切成末，备用。②将芝麻酱、盐、芝麻油搅拌均匀，调成味汁。③茄子清洗干净，切条状，装入盘中，待用。④往蒸锅中注入适量清水，置于火上烧开，放入装有食材的蒸盘，大火蒸约8分钟，至其熟软后取出，淋上已经拌好的味汁，撒上蒜末即可。

醋香蒸茄子

材料 茄子200克

调料 盐2克，生抽5克，陈醋5毫升，芝麻油2毫升，食用油适量，蒜末、葱花各少许

做法 ①将洗净的茄子去皮，切成段，对半切开，再切成条，放入盘中，摆放整齐。②将蒜末倒入碗中，加入适量盐、生抽、陈醋、芝麻油，拌匀，制成味汁，浇在茄子上。③把加工好的茄子放入烧开的蒸锅中，盖上盖，用大火蒸10分钟至熟透。④揭开盖，取出蒸好的茄子，趁热撒上葱花，浇上少许热油即可。

浓味增蒸青茄

材料 青茄子300克，剁椒2勺，日式味增2勺

调料 白糖2克，芝麻油5毫升，生抽适量，蒜末、葱花、红椒丝各少许

做法 ①将青茄子洗净，切小段，再对半切开，叠放在盘子中，待用。②取一碗，倒入蒜末、日式味增、生抽，搅拌均匀，加入剁椒、芝麻油、白糖，拌匀，放入一半葱花，拌匀，制成调味汁。③往蒸锅中注入适量清水烧开，放上青茄子，加盖，大火蒸20分钟至熟，取出蒸好的青茄子。④浇上调味汁，撒上剩余葱花、红椒丝做装饰即可。

虾胶蒸青椒

(材料) 青椒200克，虾200克

(调料) 盐3克，味精1克，酱油5毫升，蚝油3克

(做法) ①将青椒清洗干净，直刀切成圈；往锅中注入适量清水烧开，倒入酱油、蚝油，加盐、味精一起煮成味汁。②将虾清洗干净，切开背部，挑去虾线，再剁碎，打成虾胶。③把虾胶酿入青椒内，放入干净的蒸盘中。④蒸锅上火烧开，放入蒸盘，大火蒸5分钟，至其熟透，取出蒸盘，淋上适量味汁即可。

蒸红袍莲子

(材料) 水发红莲子80克，红枣150克

(调料) 白糖3克，水淀粉5毫升，食用油适量

(做法) ①将泡发好的红莲子放入去核的红枣中，装盘，注入少量温开水，待用。②蒸锅上火烧开，放上红枣，中火蒸30分钟至熟软。③取出红枣，将剩余的汁液倒入锅中，烧热，加入白糖、食用油，倒入水淀粉，调成糖汁，浇在红枣上即可。

🍲 风味蒸莲子

（材料）水发莲子250克，桂花15克

（调料）白糖3克，水淀粉适量

（做法）①备一个干净的碗，倒入泡好的莲子，加入白糖、桂花，充分拌匀，待用。②往蒸锅中注入适量清水烧开，放入装有备好食材的碗，加盖，用大火蒸40分钟至食材熟透。③揭盖，取出蒸好的莲子，将碗倒扣在盘子上，倒出汁液，待用。④另起锅，倒入汁液，加入清水，放入白糖，拌匀至溶化，再加入水淀粉，拌匀至汁液呈稠状，盛出汁液浇在蒸好的莲子上即可。

🍲 荷兰豆蒸虫草花

（材料）荷兰豆300克，虫草花100克

（调料）盐2克，生抽5克，鸡汁适量

（做法）①将荷兰豆清洗干净，撕去老筋，取豆荚，切成细丝，备用；虫草花洗净，备用。②往锅中注入适量清水烧开，加入盐，放入荷兰豆，焯煮至熟，捞出，沥干，装盘。③往蒸锅中注水烧开，放入装有虫草花的整盘，中火蒸20分钟至其熟透后取出，放在荷兰豆上。④加入盐、生抽、鸡汁，充分搅拌均匀即可。

毛家蒸豆腐

材料 豆腐350克，剁椒适量

调料 生抽8克，醋10毫升，红油10克，食用油适量，葱、蒜各少许

做法 ①豆腐洗净，切块，排入盘中；剁椒切碎，盛在豆腐上；葱洗净，切花；蒜去皮，洗净，切末。②油锅烧热，倒入生抽、醋、蒜末，炒成味汁，浇在豆腐上。③将豆腐放入蒸锅中蒸熟，取出后淋上红油，最后撒上葱花即可。

虾仁蒸豆腐

材料 虾仁80克，豆腐块300克，葱花少许

调料 盐、鸡粉、白糖各2克，生粉5克，蚝油3克，料酒10毫升，水淀粉、食用油各适量

做法 ①将洗好的虾仁装碗，加盐、鸡粉、料酒、生粉、食用油，拌匀，腌渍10分钟至其入味。②把豆腐块装盘，撒上盐，放入烧开的蒸锅中，用大火蒸5分钟至熟，取出。③用油起锅，放葱花、虾仁，炒至变色，加入清水炒匀，放盐、鸡粉、白糖、蚝油、料酒，炒匀。④用水淀粉勾芡，关火后将虾仁盛出，放在豆腐上，再淋上剩余汤汁即可。

冬瓜酿蒸油豆腐

材料 冬瓜350克，油豆腐150克，胡萝卜60克，韭菜花40克

调料 芝麻油5毫升，水淀粉3毫升，盐、鸡粉、食用油各适量

做法 ①将洗净的油豆腐对半切开；洗净去皮的胡萝卜切成粒；择洗好的韭菜花切成小段。②将洗净去皮的冬瓜用挖球器挖取冬瓜球，放在油豆腐上。③蒸锅上火烧开，放入油豆腐，中火蒸15分钟至熟后取出。④热锅注油烧热，倒入胡萝卜、韭菜花炒匀，注入清水，加盐、鸡粉、水淀粉、芝麻油炒匀，浇在冬瓜上即可。

干贝香菇蒸豆腐

（材料）豆腐250克，水发冬菇100克，干贝40克，胡萝卜80克

（调料）盐2克，鸡粉2克，生抽4毫升，料酒5毫升，食用油适量，葱花少许

（做法）①将泡发好的冬菇切粗条；洗净去皮的胡萝卜切成粒；洗净的豆腐切成块，摆盘。②热锅注油烧热，倒入冬菇、胡萝卜、干贝翻炒，加清水、生抽、料酒、盐、鸡粉，炒匀，大火收汁，盛出放入豆腐中。③蒸锅上火烧开，放入豆腐，大火蒸8分钟，取出，撒上葱花即可。

豉汁蒸腐竹

（材料）水发腐竹300克，豆豉20克，红椒30克

（调料）生抽5毫升，食用油适量，葱花、姜末、蒜末、盐、鸡粉各少许

（做法）①将洗净的红椒切开去籽，切粒；泡发好的腐竹切成长段，装盘。②热锅注油烧热，放入姜末、蒜末、豆豉，爆香，倒入红椒粒，放生抽、鸡粉、盐炒匀，浇在腐竹上。③蒸锅上火烧开，放入腐竹，大火蒸20分钟至入味，掀开锅盖，将腐竹取出，撒上葱花即可。

蒜香豆豉蒸秋葵

（材料）秋葵250克，豆豉20克，蒜泥、红椒末各少许

（调料）蒸鱼豉油、橄榄油各适量

（做法）①将洗净的秋葵斜刀切段，摆盘，待用。②往热锅内注入橄榄油烧热，倒入蒜泥、豆豉，爆香，关火，将炒好的蒜油浇在秋葵上。③蒸锅上火烧开，放入秋葵，大火蒸20分钟至熟透，将秋葵取出。④将秋葵淋上蒸鱼豉油、红椒末即可。

鲜蒸三丝

材料 白萝卜200克，胡萝卜190克，水发木耳100克

调料 盐2克，鸡粉2克，水淀粉4毫升，生抽5毫升，食用油适量，葱丝少许

做法 ①白萝卜、胡萝卜均洗净去皮，切成丝；泡发好的木耳切成丝。②将白萝卜丝、胡萝卜丝、木耳丝分别入沸水锅中，焯煮断生后捞出。③取一个碗，倒入白萝卜、胡萝卜、木耳，加入盐、鸡粉、水淀粉，搅匀调味，倒入蒸盘中。④往蒸锅内注水烧开，放入蒸盘，大火蒸熟，放上葱丝，浇上热油，淋上生抽即可。

冰糖蒸香蕉

材料 香蕉120克

调料 冰糖30克

做法 ①将香蕉剥去果皮，斜刀切片。②将香蕉片放在蒸盘，摆好，撒上冰糖。③往蒸锅内加水，把蒸盘放在蒸锅里，盖上锅盖，调至中火蒸7分钟。④揭开锅盖，取出蒸好的食材即可。

蜂蜜蒸百合雪梨

材料 雪梨120克，鲜百合30克

调料 蜂蜜适量

做法 ①将雪梨洗净，去皮，从四分之一处用刀横切断，分为雪梨盅与盅盖。②取雪梨盅，掏空中间备用，再取盅盖，去除果核，修好形状，待用。③另取蒸盘，摆上雪梨盅与盅盖，再把洗好的鲜百合填入雪梨盅内，浇上蜂蜜，静置片刻。④蒸锅置于大火上，烧开后放入蒸盘，盖上锅盖，用大火蒸约10分钟，至食材熟软，取出蒸好的食材即可。

煲菜 Part 2

食材烹饪中的"煲"，就是用小火煮食物。煲菜种类繁多，鸡鸭鱼肉、鲜果时蔬无一不可成为其煲中之物，无论是大火猛攻，还是小火细煨，都别有一番风味。本章将为大家介绍多种煲菜的制作方法，相信一定能让你在日感凉意的冬日里，感受到食物带给我们的温暖回应。

水产煲菜

砂锅银鳕鱼煲

材料 银鳕鱼400克，洋葱200克，红椒、青椒各适量

调料 盐4克，料酒4毫升，食用油、姜片、葱段各适量

做法 ①将银鳕鱼去头、鳞及内脏，洗净，切块，用料酒拌匀腌渍入味；红椒、青椒洗净，切片。②油锅烧热，放入银鳕鱼煎至变色取出。③将洋葱、银鳕鱼、姜片、葱段、青椒、红椒放入砂锅，加水煲煮至熟，加盐调味即可。

青木瓜煲鲢鱼

材料 鲢鱼450克，青木瓜160克，红枣15克，姜片、葱段各少许

调料 盐3克，料酒8毫升，食用油适量

做法 ①青木瓜、鲢鱼洗净，切块。②将鱼块加盐、料酒腌渍。③将鱼块入油锅煎至两面断生，撒入姜片、葱段炒香。④鱼块盛入砂锅，注入适量清水，倒入木瓜块、红枣，搅匀，大火烧开后用小火煮约10分钟，加入盐、料酒，搅匀调味。⑤用小火煮约20分钟，持续搅拌片刻。⑥将食材盛入砂煲中，转大火，盖上盖，略煮片刻，至全部食材熟透即可。

茄香黄鱼煲

(材料) 茄子150克，黄花鱼250克，日本豆腐150克，高汤150毫升，干辣椒、红椒粒、青椒粒各少许

(调料) 盐2克，鸡粉2克，生抽5毫升，生粉、食用油、蒜末、葱段、姜片各适量

(做法) ①将洗净的茄子切滚刀块；日本豆腐去除包装，切粗条；处理好的黄花鱼对半切。②茄子炸至金黄色捞出；日本豆腐滚上生粉，炸至金黄色捞出；鱼肉裹上生粉煎至两面呈金黄色捞出。③将茄子、豆腐、鱼肉入砂锅，加油、姜片、蒜末、葱段、干辣椒、青椒粒、红椒粒、高汤、鸡粉、生抽、盐，盖上锅盖，煲至入味即可。

鱼鳔木耳煲

(材料) 鱼鳔300克，金针菇120克，水发木耳15克

(调料) 料酒8毫升，生抽5毫升，鸡粉2克，盐2克，蚝油5克，食用油适量，姜片3克，蒜末、葱段、葱花各少许

(做法) ①往锅中注入适量清水烧开，淋入料酒，放入洗净的鱼鳔略煮，余去血渍，捞出，沥干水分，备用。②用油起锅，倒入姜片、蒜末、葱段爆香，放入洗净的金针菇、木耳炒软，倒入鱼鳔炒匀，加料酒、生抽、鸡粉、盐，炒匀调味，放入蚝油炒香。③关火后将锅中食材盛入砂锅中，置于大火上，盖上盖，煮至沸腾。④揭盖，撒上葱花，关火后取下砂锅即可。

西洋菜生鱼煲

(材料) 西洋菜150克，生鱼1条，红枣15克

(调料) 盐、味精、鸡粉、胡椒粉、料酒、食用油各适量，姜片8克

(做法) ①将处理干净的生鱼切两段，备用。②热锅注油，倒入姜片煎至焦香，再放入生鱼煎至焦香。③倒入料酒，加适量清水，加盖，大火煮沸。④揭盖，加入洗净的红枣，盖上盖，转小火慢慢煲煮至水分微干。⑤再加入盐、味精、鸡粉、胡椒粉调味，放入洗好的西洋菜，煲片刻，出锅盛入碗中即可。

鸭血虾煲

(材料) 鸭血150克，豆腐100克，基围虾150克，姜片、姜末、葱花各少许

(调料) 盐2克，鸡粉2克，料酒4毫升，生抽3毫升，水淀粉5毫升，食用油适量

(做法) ①将豆腐洗净，切块；鸭血洗净，切块；虾洗净，切去虾须、虾脚，挑去虾线。②往锅中注水烧开，放入食用油、盐，倒入豆腐搅散，放入鸭血，焯熟，捞出。③热锅注油烧热，放入虾炸至红色，捞出，沥干油。④锅留底油，放入姜末、姜片，倒入虾炒匀，淋料酒，倒入豆腐、鸭血，注入适量清水，加鸡粉、盐、生抽炒匀，略煮片刻。⑤放入水淀粉勾芡，拌匀，盛出，装入砂锅中，加盖，大火煮至沸腾。⑥关火，取下砂锅，揭开盖子，撒上葱花即可。

鲜虾豆腐煲

（材料）豆腐160克，虾仁65克，油菜85克，猪肉150克，干贝25克，高汤350毫升

（调料）盐2克，料酒5毫升，鸡粉少许，姜片、葱段各少许

（做法）①将虾仁洗净；洗净的油菜切小瓣；洗净的豆腐切小块；洗净的猪肉切薄片。②将油菜焯水至断生，捞出待用；肉片加料酒焯水1分钟，捞出待用。③砂锅置火上，放入高汤、干贝、肉片、姜片、葱段、料酒，烧开后用小火煮约30分钟。④加入少许盐、鸡粉、虾仁、豆腐块拌匀，用小火续煮至食材熟透，拌匀，放入油菜即可。

泰式粉丝蟹煲

（材料）肉蟹500克，干粉丝150克，姜、葱、蒜各少许

（调料）盐3克，味精2克，绍酒10毫升，芝麻油、泰式甜辣酱、食用油各适量

（做法）①将肉蟹洗净，蟹钳和蟹壳分别斩块；粉丝用水泡软；姜、葱洗净，切丝；蒜去皮，洗净，剁成蓉。②油锅烧热，下姜、葱、蒜爆香后烹入绍酒，加入肉蟹炒至火红色。③放入粉丝翻炒片刻，调入盐、味精、芝麻油、泰式甜辣酱炒匀，将食材转入砂锅。④将砂锅置于火上，加盖，大火煮至沸腾。⑤关火，取下砂锅，揭开盖子，稍凉后即可食用。

膏蟹粉丝煲

（材料）膏蟹1只，粉丝100克

（调料）蚝油15克，生抽20毫升，白糖10克，淀粉20克，食用油适量，葱段20克，姜片20克

（做法）①膏蟹洗净，斩件，放入油锅中稍炸；粉丝泡软，切段，入油锅炒20分钟，放入砂锅。②锅中加油烧热，炒香姜片、葱段，加入膏蟹，加水煮开，调入蚝油、生抽、白糖，用淀粉勾芡，倒入盛有粉丝的砂锅内，上火煲熟即可。

白蟹豆腐煲

（材料）梭子蟹500克，豆腐250克，木耳20克，高汤适量

（调料）盐3克，料酒10毫升，酱油6毫升，食用油适量，葱少许

（做法）①将梭子蟹处理干净，斩块后用料酒、酱油稍腌；豆腐洗净，切成小方块；木耳泡发，洗净；壳成火红色，注入高汤烧开。③加入豆腐、木耳同煮至熟，加入盐调味，最后撒上葱丝即可。

三杯鱿鱼煲

（材料）鱿鱼350克，菜心200克，红椒30克，高汤20毫升

（调料）盐3克，酱油3毫升，鸡精2克，食用油适量，蒜100克

（做法）①鱿鱼去内脏，洗净，切片；蒜去皮，洗净，切块；菜心洗净；红椒去蒂，洗净，切圈。②油锅烧热，入蒜爆香，入鱿鱼、红椒、菜心翻炒片刻。③将食材盛入砂煲中，调入高汤，盖上盖，煲煮至汤汁收浓，调入盐、酱油、鸡精即可。

鱿鱼须煲

（材料）鱿鱼须300克，红椒、青椒、熟芝麻各适量

（调料）盐2克，料酒3毫升，红油、水淀粉、食用油各适量，葱5克

（做法）①鱿鱼须洗净，加料酒腌渍入味；红椒、青椒均洗净，切段；葱洗净，切段。②油锅烧热，放入红椒、青椒稍炒，倒入鱿鱼须，注入清水，盖上盖，大火烧开后小火煲至收汁。③加入盐、红油调味，用水淀粉勾薄芡，撒上熟芝麻、葱段即可。

海鲜豆腐煲

（材料）日本豆腐、鲜鱿各200克，胡萝卜、香菇各少许

（调料）盐、味精、酱油、料酒、食用油、姜片、葱段各适量

（做法）①将日本豆腐洗净，切成长圆柱；鲜鱿处理干净，剞花刀；胡萝卜洗净，切片；香菇洗净。②油锅烧热，下日本豆腐略炸至呈金黄即可捞出；另起油锅，倒入鲜鱿炒至卷曲，烹入料酒，加入胡萝卜、姜片、葱段一起翻炒。③往锅内注水烧沸，下日本豆腐、香菇一同煲煮，加盐、味精、酱油，烧至入味即可。

时蔬海鲜豆腐煲

（材料）日本豆腐400克，虾仁、香菇、莴笋、红椒、西蓝花各适量

（调料）盐、味精、水淀粉、食用油各适量

（做法）①将日本豆腐洗净，切段；虾仁洗净；香菇洗净，泡发；莴笋、西蓝花、红椒均洗净，切块。②热锅下油，放入所有上述材料稍炒，加入适量清水煲煮至熟。③加入盐、味精调味，放入水淀粉勾芡，装盘即可。

猪肉煲菜

🍲 鸡腿菇煲肉丸

材料 鸡腿菇100克，肉末150克，芹菜段50克，鸡蛋1个

调料 盐3克，味精2克，酱油5毫升，鸡精2克，淀粉5克，食用油适量，姜末5克，葱末6克，蒜末5克

做法 ①将鸡腿菇洗净；鸡蛋、淀粉和肉末搅拌均匀，做成肉丸，备用。②将肉丸与鸡腿菇放入油锅中稍炸后捞出。③热锅注油，加姜末、葱末、蒜末爆香，倒入肉丸、鸡腿菇、芹菜段，加盐、味精、酱油炒匀，加适量水，煮至汤汁沸腾。④将食材盛入砂煲中，转大火，煲煮至熟透，盛出即可。

🍲 芋头煲肉

材料 五花肉块250克，芋头块150克，泡椒20克

调料 豆瓣酱、胡椒粉、料酒、白糖、盐、食用油各适量，姜末2克，蒜末3克，葱花5克，花椒少许

做法 ①将五花肉块、芋头块洗净，过油。②油烧热，下入豆瓣酱、花椒、蒜末、姜末、葱花，放进五花肉块、胡椒粉、料酒、泡椒、芋头炒匀，注入适量清水，下入盐、白糖。③将食材盛入砂煲中，转大火，盖上盖，煲至全部食材熟透，盛出即可。

🍲 洋葱肉末粉丝煲

（材料）水发粉丝100克，肉末80克，洋葱、彩椒各45克，高汤150毫升

（调料）老抽2毫升，料酒4毫升，生抽5毫升，食用油适量，盐、鸡粉、姜片、蒜末、葱花各少许

（做法）①将粉丝洗净，切段；洋葱洗净，切丁；彩椒洗净，切粒。②用油起锅，倒入肉末快速翻炒至松散、变色，倒入蒜末、姜片，炒香、炒透，淋生抽提味，加入老抽，炒匀上色，倒入洋葱丁、彩椒块炒匀，淋料酒炒香，加盐、鸡粉调味。③倒入高汤，用大火煮至汤汁沸腾。④放入粉丝翻炒片刻，再煮约1分钟，至其变软后关火，盛入砂煲中，转大火，盖上盖，煲至全部食材熟透，撒上葱花即可。

🍲 千张夹肉煲

（材料）千张5张，猪瘦肉150克，蛋清1个，高汤适量

（调料）盐3克，料酒15毫升，食用油适量，酱油、白糖、胡椒粉各少许，葱段5克，姜丝5克

（做法）①千张清洗干净，切成块；猪瘦肉洗净，剁成末，装碗，加盐、料酒和蛋清拌匀，将拌好的肉馅用千张卷起来。②往锅中放入葱段、姜丝煸炒，放入千张卷、高汤，煮至沸腾。③淋入酱油，加入白糖、胡椒粉，搅拌均匀，小火煲煮至熟，盛出，装入干净的碗中即可。

平菇肉片煲

（材料）猪肉100克，平菇200克，青椒片、红椒片各少许

（调料）盐3克，胡椒粉1克，水淀粉10毫升，食用油适量，蒜片20克

（做法）①猪肉清洗干净，切成片，备用；平菇洗净，撕小块，备用。②往锅内注油烧至七成热，放入肉片炒香。③再放蒜片、青椒片、红椒片、平菇，加盐、胡椒粉烧煮入味，用水淀粉勾芡。④将食材盛入砂煲中，盖上盖，煲至全部食材熟透，盛出即可。

家常煲猪肉

（材料）猪肉300克，蒜苗15克，干椒段20克

（调料）盐5克，味精1克，老抽15毫升，食用油适量，姜、蒜各适量

（做法）①将猪肉洗净，切方形块；蒜苗洗净，切段；姜去皮，洗净，切片；蒜去皮，拍破。②将猪肉块放入油锅中炒出油，加入少许老抽、干椒段、姜片、蒜，注入适量清水大火煮沸。③将食材倒入砂锅中煲煮2小时至收汁，放入蒜苗，加盐、味精调味，再煲片刻，关火盛出即可。

五花肉煲

（材料）五花肉500克

（调料）盐5克，鸡精2克，蚝油15克，食用油适量，八角、桂皮各适量，老姜片10克，香叶3片，干红椒10克

（做法）①将五花肉洗净，切成小方块，放入沸水中煮至七成熟，取出沥干水，放入油锅中炸至金黄色，捞出备用。②锅内留少许底油，烧热，放八角、桂皮、老姜片、香叶、干红椒炒香，加入五花肉块，调入盐、鸡精、蚝油炒匀，加入少许水，大火烧开后转小火煲煮至肉块酥烂即可。

豆豉花腩煲

（材料）猪腩肉300克，青椒、红椒、洋葱、花椒、豆豉各适量

（调料）盐2克，鸡精2克，食用油、生抽各适量

（做法）①将猪腩肉洗净，切片；青椒、红椒、洋葱分别洗净，切片。②猪腩肉用压力锅先焖压至八成熟，再用盐、生抽拌匀，腌10分钟。③油锅炒热，入豆豉、花椒炒香，入猪腩肉、青椒、红椒翻炒5分钟，加盐、鸡精调味。④将食材转入砂锅，小火煲煮至入味即可。

冬菇支竹火腩煲

（材料）五花肉300克，冬菇、支竹、青椒、红椒、洋葱各适量

（调料）盐3克，酱油、料酒、食用油各适量

（做法）①五花肉洗净，切小块；冬菇、支竹分别泡发，洗净，捞起沥干备用；青椒、红椒分别洗净，切片。②烧热油锅，将五花肉炸至半熟；另起砂锅，倒入清水煮沸，入五花肉煲煮，再加水、酱油、料酒，放入冬菇、支竹同煮20分钟。③再放入青椒、红椒、洋葱稍煮，放盐调味即可。

花生猪蹄煲

（材料）猪蹄350克，花生米100克，红椒50克，香菜段适量

（调料）花椒、八角、盐、味精、酱油、食用油各适量

（做法）①猪蹄洗净，剁成块，入开水氽烫，捞出沥水；红椒洗净，去籽，切块；花生米、花椒、八角洗净。②猪蹄抹上酱油，入油锅炸至金黄色。③将炸过的猪蹄放入砂煲里，加入花生米、红椒、花椒、八角，注入适量清水，煲至熟烂。④调入盐、味精，撒上香菜段后即可。

油豆腐煲猪蹄

（材料）猪蹄480克，油豆腐100克，青椒、红椒、香菜段各适量

（调料）盐5克，味精3克，红油、老抽、葱花、蒜片各适量

（做法）①猪蹄清洗干净，切成块，下入沸水锅中氽去血水后捞出，沥干；青椒、红椒均洗净，切成圈。②往锅中注入适量清水烧沸，放入猪蹄、青椒、红椒、蒜片、油豆腐，盖上盖，大火烧开后转小火，慢慢煲煮至水分微干。③揭开盖，加入盐、味精、老抽、红油调味，撒上葱花和香菜段，煲煮至入味即可。

五香煲猪蹄

（材料）猪蹄2只，花生米100克

（调料）料酒3毫升，酱油、白糖、盐各适量，八角1粒，桂皮10克，葱段、姜片各适量

（做法）①猪蹄洗净，斩块，氽水，加料酒、酱油腌渍45分钟。②将葱段、姜片入油锅爆香，放猪蹄煎至皮呈金黄色，加水、花生米、八角、桂皮、白糖、盐，大火煮开，去浮沫，盖锅盖，转小火焖煮片刻。③将食材盛入砂煲中，转大火，盖上盖，煲至全部食材熟透，盛出即可。

砂锅猪蹄

（材料）猪蹄450克

（调料）生抽15毫升，白糖10克，花雕酒10毫升，姜片、蒜片各10克

（做法）①猪蹄清洗干净，斩块。②往锅中注水烧开，放入猪蹄煮熟，捞出沥水。③往锅中注入适量清水烧热，放入姜片、蒜片爆香，再放入猪蹄爆炒，调入生抽、白糖、花雕酒煮匀。④将食材盛入砂煲中，转小火，盖上盖，煲40分钟，至全部食材熟透，盛出装入碗中即可。

滋补猪蹄煲

（材料）猪蹄700克，黄豆300克

（调料）盐、味精、白糖、料酒各适量

（做法）①猪蹄洗净，放入沸水中余去血水，捞出，沥干水分，待凉，切成块，备用；黄豆清洗干净，泡软。②将已经处理好的猪蹄、黄豆放入砂锅中，加入盐、白糖、料酒，盖上盖，上火煲煮。③待水干后，加入味精调味即可。

🍲 南瓜煲排骨

（材料）南瓜300克，排骨250克，玉米200克

（调料）盐、味精、葱各适量

（做法）①南瓜洗净，去皮、瓤，切块；排骨洗净，切块；玉米洗净，切段；葱洗净，切花，装碗，备用。②往锅中注入适量清水烧开，放入南瓜、排骨和玉米，中火煲煮至收汁。③加入盐、味精调味，续煲片刻，至食材熟透，盛出，撒上葱花即可。

🍲 苦瓜排骨煲

（材料）排骨200克，苦瓜1根

（调料）白糖10克，米酒8毫升，盐3克，食用油适量，八角2粒，姜10克，葱段15克

（做法）①姜洗净，切片；苦瓜去籽，切块；排骨洗净，切块。②往锅内加水烧开，分别放入苦瓜、排骨焯烫，捞出沥干水分，排骨以冷水冲洗干净。③油锅烧热，爆香葱段、姜及八角，加水煮开，转入砂煲中，入排骨、苦瓜、白糖、米酒、盐，煲至排骨熟烂即可。

牛蒡煲排骨

(材 料) 排骨段350克，胡萝卜130克，牛蒡100克

(调 料) 盐、鸡粉各2克，蚝油5克，老抽2毫升，生抽4毫升，料酒5毫升，食用油适量，白糖少许，姜片、葱段、蒜末各少许

(做 法) ①将牛蒡洗净，去皮，切块；胡萝卜洗净，切滚刀块。②往锅中注入适量清水烧热，倒入洗净的排骨段，用大火煮约1分钟，放入牛蒡、胡萝卜，煮约半分钟，捞出，沥干水分，待用。③用油起锅，放入姜片、葱段、蒜末爆香，倒入余过水的食材炒匀，淋料酒提味，放入生抽、蚝油，注入适量清水，倒入老抽，待汤汁沸腾，加盐、鸡粉、白糖调味，用大火煮片刻。④将锅中的食材盛入砂煲中，煲煮至食材熟透即可。

香芋排骨煲

(材 料) 排骨400克，芋头300克，洋葱、红椒各适量

(调 料) 白糖5克，老抽、生抽各10毫升，葱、食用油各适量

(做 法) ①排骨洗净，切段；芋头洗净，去皮；红椒、葱、洋葱均洗净，切碎。②热锅下油，放入洋葱、红椒爆香，再放入芋头和排骨，加水、生抽、老抽、白糖，盖上盖，小火稍煮。③将食材盛入砂煲中，转大火，盖上盖，煲至全部食材熟透，水分煲干，盛出撒上葱花即可。

鸡腿菇煲排骨

材料 排骨250克，鸡腿菇100克

调料 盐5克，味精2克，料酒8毫升，淀粉、芝麻油、酱油各适量，葱段、姜片各5克

做法 ①排骨清洗干净，斩段，装入碗中，加入料酒、酱油，拌匀，腌渍入味；鸡腿菇清洗干净，对半切开。②将排骨放入砂锅中，加入葱、姜，再加盐、味精，盖上盖，小火煲煮至熟，捞出装盘。③倒出砂锅的汁水，下入鸡腿菇，用淀粉勾芡，倒入装有排骨的碗中，淋芝麻油即可。

胡萝卜排骨煲

材料 排骨300克，洋葱60克，胡萝卜80克，蒜末、葱花各少许

调料 盐、白糖各2克，生抽、料酒、老抽、食用油各适量，水淀粉5毫升

做法 ①将洋葱去皮，洗净，切块；胡萝卜洗净，切块。②往锅中加水烧开，放入洗净的排骨，淋料酒煮沸，余去血水。③用油起锅，放入蒜末爆香，倒入胡萝卜、排骨炒匀，淋生抽、料酒提鲜，加盐、白糖，倒入适量清水，盖上盖，烧开后用小火焖5分钟，至排骨熟软。④揭开盖，放入切好的洋葱，用小火再焖5分钟。⑤淋入老抽，翻炒均匀，倒入少许水淀粉，翻炒均匀。⑥盛出焖煮好的食材，装入砂煲中，置于大火上，盖上盖，烧沸。⑦揭盖，撒上葱花即可。

芹菜猪肚煲

(材料) 猪肚300克，芹菜150克，红椒块1个，洋葱20克

(调料) 盐、鸡精、蚝油各2克，料酒、红油、芝麻油各8毫升，食用油适量，姜块、蒜段各5克，卤汁500毫升

(做法) ①猪肚洗净，余水，入锅，加卤汁卤熟，切条；洋葱、芹菜均洗净，切条。②猪肚入油锅煸香，加其余材料、盐、鸡精、料酒、蚝油炒匀，淋上红油、芝麻油，翻炒入味。③将炒好的食材放入煲内，煲煮至入味即可。

苦瓜黄豆排骨煲

(材料) 苦瓜400克，黄豆50克，排骨500克，蜜枣5颗

(调料) 盐5克

(做法) ①苦瓜去瓤，切成小段，洗净；排骨洗净，斩段。②黄豆洗净，浸泡1小时，捞出。③将适量清水放入瓦煲内，煮沸后加入以上材料，大火煮沸后，改用小火煲2小时，再放入蜜枣，加盐调味即可。

小排年糕煲

(材料) 排骨400克，年糕300克

(调料) 白糖、老抽、生抽、水淀粉、食用油各适量

(做法) ①排骨洗净，切段；年糕洗净，切段。②热锅下油，放入白糖待溶化后，放入排骨裹上糖色，放入老抽、年糕、生抽，加入适量清水，盖上盖，大火烧开后转小火煲煮至熟。③待水干后，放入水淀粉勾芡，起锅装入碗中即可。

咸菜胡椒煲猪肚

（材料）猪肚1个，咸菜100克，胡椒粒50克

（调料）盐3克，鸡精2克，芝麻油3毫升，花雕酒5毫升，淀粉适量，姜、葱各10克

（做法）①咸菜洗净；猪肚用淀粉、盐拌匀，腌几分钟后冲洗干净；姜、葱洗净，切段。②将猪肚加水、胡椒粒、花雕酒、姜、葱段氽煮2分钟，捞出，切片。③将猪肚放入锅内，加姜、葱段、胡椒粒、咸菜，小火煲2小时，加盐、鸡精、芝麻油调味即可。

鸳鸯白菜煲猪肺

（材料）猪肺1个，小白菜100克，白菜干50克

（调料）盐3克，鸡精2克，胡椒粉2克，高汤适量，芝麻油5毫升，姜10克，葱4克

（做法）①小白菜洗净，切段；白菜干泡发，切段；姜洗净，切片；葱洗净，切花。②往锅中加水煮沸，放入猪肺氽熟后捞出。③往砂锅中放入高汤，放入白菜干、猪肺、姜片，煮开用小火煲40分钟，放入小白菜，加盐、鸡精、胡椒粉，撒上葱花，淋芝麻油即可。

酸萝卜肥肠煲

（材料）肥肠200克，酸萝卜200克，红椒25克，姜片、蒜末各少许

（调料）豆瓣酱8克，番茄酱12克，盐2克，料酒7毫升，水淀粉、食用油各适量

（做法）①将肥肠洗净，切小块；红椒洗净，切圈；酸萝卜洗净，切小块。②将肥肠入沸水中氽熟。③用油起锅，放入姜片、蒜末爆香，放入红椒圈、肥肠，淋料酒翻炒，放入豆瓣酱、番茄酱炒匀，倒入酸萝卜炒匀，注入少许清水，加盐，倒入水淀粉勾芡。④将锅中食材盛入砂煲，用大火续煮至食材入味即可。

牛肉煲菜

浇汁牛柳茄子煲

(材料) 茄子200克，牛柳、毛豆各100克，红椒适量

(调料) 烧烤汁30毫升，盐、味精、酱油、食用油各适量

(做法) ①茄子洗净，切条；牛柳洗净，切条，用盐腌渍入味；毛豆去壳，洗净；红椒洗净，切丁。②热锅下油，放入牛柳滑油，捞出；锅内留油，放入茄子、毛豆翻炒。③加入适量水、烧烤汁、盐、酱油焖熟，再入牛柳炒匀，放入味精调味。④将食材转入砂锅，煲煮至入味，撒上红椒丁即可。

咖喱牛肉煲

(材料) 牛肉250克，土豆、胡萝卜、红椒各适量

(调料) 盐、椰浆、咖喱粉、白酒、黄油各适量

(做法) ①牛肉洗净，切块，入沸水汆熟，捞出凉凉；土豆洗净，去皮，切块；胡萝卜洗净，切块；红椒洗净，切块。②锅中入黄油，倒入牛肉煎炒，入白酒去腥调味，加咖喱粉、土豆、胡萝卜炒熟，入椰浆、盐，加水没过所有材料，煲煮20分钟。③待水收干时，加入红椒，淋热油，起锅即可。

烟笋煲牛肉

（材料）牛肉400克，烟笋100克，干辣椒段20克

（调料）盐、豆瓣酱各20克，鸡精、胡椒粉、蚝油、芝麻油、食用油各适量

（做法）①牛肉清洗干净，入沸水中，余去血水后捞出，切块；烟笋用水发透，去掉杂质。②锅置火上，下油、豆瓣酱、洗净的干辣椒，炒至油红出香味，下牛肉，移入砂锅，小火上煲煮。③待牛肉七成熟时加入烟笋，放入盐、鸡精、胡椒粉、芝麻油、蚝油，煲煮至入味后即可。

牛肉煲芋头

（材料）牛肉300克，芋头300克

（调料）盐2克，鸡粉2克，料酒10毫升，豆瓣酱10克，生抽4毫升，水淀粉10毫升，食用油适量，花椒、桂皮、八角、香叶、姜片、蒜末、葱花各少许

（做法）①将芋头洗净，去皮，切小块；牛肉洗净，切丁。②往锅中加水烧开，倒入牛肉丁，余去血水，捞出。③用油起锅，放入花椒、桂皮、八角、香叶、姜片、蒜末爆香，倒入牛肉丁炒匀，淋料酒提鲜，放入豆瓣酱、生抽、盐、鸡粉调味，倒入适量清水煮沸。④将食材移入砂锅，用小火煲1小时至食材熟软。⑤放入芋头拌匀，续煲20分钟至熟。⑥倒入水淀粉勾芡，撒葱花即可。

白萝卜煲牛腩

（材料）牛腩200克，白萝卜150克

（调料）盐、味精、酱油、食用油、葱段、姜片各适量

（做法）①牛腩洗净，切块；白萝卜洗净，去皮，切块。②油锅烧热，放入牛腩、姜片、葱段煸炒，放入萝卜块，翻炒至食材断生。③加入酱油和适量清水，大火烧开，转小火煲煮40分钟，至水分煲干，加入盐、味精调好味，盛出即可。

香辣牛腩煲

（材料）熟牛腩200克

（调料）盐、鸡粉各2克，料酒10毫升，豆瓣酱10克，陈醋8毫升，辣椒油10毫升，水淀粉5毫升，食用油适量，姜片、葱段各15克，干辣椒10克，山楂干15克，冰糖30克，蒜头35克，草果15克，八角8克

（做法）①将熟牛腩切小块；蒜去皮，切片。②起油锅，倒入洗净的草果、八角、山楂干、蒜片、姜片，炒香，放入干辣椒、冰糖、牛腩炒匀，加料酒、豆瓣酱、陈醋炒匀，倒入少许清水，加入盐、鸡粉调味，再淋入辣椒油。③将食材转入砂锅，盖上盖，用小火煲15分钟至食材熟透。④揭开盖，倒入水淀粉拌匀，盛出，撒上葱段即可。

竹笋牛腩煲

材料 牛腩500克，竹笋150克，青椒、红椒各适量

调料 蒜、盐、酱油、料酒、红油、食用油各适量

做法 ①牛腩洗净，切块；竹笋洗净，切段；蒜去皮，洗净。②油锅烧热，下青椒、红椒、蒜爆香，入牛腩、竹笋同炒片刻，再加入适量清水，大火烧开，调入盐、酱油、料酒，淋入红油拌匀。③将食材盛入砂煲中，转大火，盖上盖，略煮，转小火煲煮至水干，食材熟透后关火，盛出，装入碗中即可。

双椒萝卜牛腩煲

材料 牛腩300克，白萝卜300克，青椒、红椒、香菜段各适量

调料 盐4克，鸡精2克，老抽5毫升，料酒10毫升，水淀粉、食用油各适量

做法 ①牛腩洗净，切块；白萝卜洗净，去皮，切块；青椒、红椒分别洗净，切菱形块。②往锅中注油烧热，下牛腩，调入老抽、料酒，入白萝卜继续炒，加入适量清水，煲煮至牛腩软烂，水分微干时加入青椒、红椒。③最后加盐、鸡精，撒上香菜段，用水淀粉勾芡，翻炒均匀即可。

京葱牛筋煲

(材料) 牛筋350克，京葱200克

(调料) 盐、味精、芝麻油、醋各适量

(做法) ①牛筋清洗干净，切成片，装碗，备用；京葱清洗干净，斜刀切成小段，备用。②准备一个干净的砂煲，把牛筋、京葱放入砂锅内，加入适量清水，大火煮沸后转小火慢煲。③煲至水分稍干，食材熟透之后加入盐、味精、芝麻油、醋调味，关火，盛出食材，装碗即可。

香辣牛筋煲

(材料) 牛蹄筋400克，干红椒50克，青、红椒各适量，香菜少许

(调料) 盐2克，老抽10毫升，酱油8毫升，蒜、食用油各适量

(做法) ①牛蹄筋洗净，切块；干红椒、青椒、红椒均洗净，切段；蒜去皮；香菜洗净，切段，备用。②油锅烧热，放入牛蹄筋炒至断生，下干红椒、蒜、青椒、红椒同炒片刻。③往锅中加适量清水烧开，调入盐、老抽、酱油，转至砂锅，煲煮至上色入味，收汁后撒上香菜即可。

🍲 牛蹄筋煲花生

（材料）牛蹄筋300克，花生米200克，红枣8颗

（调料）酱油6毫升，盐3克

（做法）①将牛蹄筋用清水泡软后捞出，放入沸水锅中氽水后捞起，沥干水分，备用；花生米洗净，放入沸水中焯煮去除涩味后捞出，沥干水分，备用。②将花生米先入砂锅，加红枣、酱油、盐，并加入适量清水至盖满材料，以大火煮开，转小火煲30分钟。③将牛蹄筋加入，续煲20分钟至熟，盛出，装入碗中即可。

🍲 牛筋腐竹煲

（材料）腐竹段45克，牛筋块120克，水发香菇30克，蒜片、葱段、葱花各少许

（调料）料酒5毫升，生抽4毫升，老抽2毫升，盐2克，鸡粉2克，白糖2克，辣椒酱7克，水淀粉8毫升，食用油适量

（做法）①将香菇洗净，去蒂，切小块。②往锅中加水烧开，倒入洗净的牛筋块，加盐略煮，放入香菇，煮至断生，捞出全部材料，沥干水。③将腐竹段入油锅略炸，捞出。④用油起锅，放入蒜片、葱段爆香，倒入牛筋、香菇，淋料酒炒香，加生抽、老抽、盐、鸡粉调味。⑤将食材转入砂锅，注入清水，加白糖、腐竹炒匀，盖上盖，烧开后用小火煲约5分钟，转大火收汁，加入辣椒酱，用水淀粉勾芡后煮沸，关火，撒葱花即可。

肥仔牛腩煲

（**材料**）牛腩500克，青椒块、红椒块、干红椒各适量，香菜段少许

（**调料**）盐3克，蒜20克，酱油、料酒各10毫升，食用油适量

（**做法**）①牛腩洗净，切块；干红椒洗净，切段备用；蒜去皮，洗净。②净锅加油烧热，下蒜爆香，入牛腩，调入酱油、料酒、干红椒翻炒，加入适量沸水焖至牛腩软烂，再加入青椒块、红椒块稍焖。③将食材转入砂锅，煲煮至入味，加盐，撒香菜段调味即可。

红烧牛排煲

（**材料**）牛排200克，土豆、红枣、板栗、青椒、红椒各适量

（**调料**）盐3克，酱油6毫升，料酒4毫升，味精、食用油、蒜适量

（**做法**）①牛排洗净，切块；土豆洗净，去皮，切长条；蒜去皮，洗净；青椒、红椒洗净，切片。②砂锅加油烧热，下牛排，加盐、料酒煎至变色，淋入酱油，加适量清水。③放入土豆、蒜、红枣、板栗、青椒、红椒，改小火煲熟，加盐、味精调味即可。

羊肉煲菜

砂锅羊肉煲

材料 羊肉400克，青椒块、红椒块各50克，白萝卜块100克，干辣椒15克

调料 豆瓣酱、辣椒酱各15克，盐3克，鸡精4克，食用油适量，蒜片50克，姜片10克

做法 ①羊肉洗净，斩件，氽水。②往锅中加油烧热，加羊肉、青椒块、红椒块，加入干辣椒、姜片、蒜片，放入豆瓣酱、辣椒酱、盐、鸡精翻炒出香味，转入高压锅煲20分钟。③将砂煲底部垫上白萝卜块，倒入高压锅中的食材，转大火，盖上盖，煲煮片刻转小火续煲至食材熟透后盛出即可。

土豆煲羊肉

材料 土豆250克，羊肉250克

调料 料酒、盐、食用油、葱花、姜丝、蒜片各适量

做法 ①羊肉洗净，切块，氽水；土豆去皮，洗净，切块；起油锅，下入土豆块炸透，沥油。②净锅置火上，加入羊肉、姜丝、蒜片、水，加料酒、盐，烧沸后改小火煲煮至八成熟，加入土豆块烧沸，用小火煲至水分稍干、食材熟烂，撒葱花即可。

🥘 萝卜羊肉煲

(材料) 羊肉200克，白萝卜50克，羊骨汤400克，香菜适量

(调料) 盐、味精、料酒、胡椒粉、辣椒油、葱段、姜片各适量

(做法) ①羊肉洗净后，切方块，余去血水；白萝卜去皮，洗净，切成滚刀块，煮透捞出；香菜洗净，切末。②将羊肉、羊骨汤、料酒、胡椒粉、葱段、姜片下锅，用大火烧沸，转小火煲煮约30分钟，加入盐、味精，放入白萝卜，续煮约25分钟，煲至水干且羊肉熟烂，撒上香菜末，淋入辣椒油即可。

🥘 羊蹄煲

(材料) 羊蹄350克，红椒适量

(调料) 老抽、盐、味精、芝麻油、葱各适量

(做法) ①羊蹄清洗干净，切成块，备用；红椒清洗干净，切圈；葱洗净，切成葱花。②准备一个干净的砂煲，将羊蹄和红椒放入砂煲中，加入适量清水，盖上盖，大火煮沸后转小火慢慢煲煮。③揭开盖，加入盐、味精、老抽调味，盖上盖，继续煲煮至熟，加入芝麻油，撒葱花即可。

狗肉煲菜

杜仲狗肉煲

（材料）狗肉500克，杜仲10克

（调料）盐10克，黄酒10毫升，鸡精6克，姜片、葱段各5克

（做法）①将狗肉洗净，斩块；杜仲用水浸透，洗净。②将狗肉放入净锅内炒至干身，出锅待用。③将狗肉、杜仲、姜片放入煲中，加入清水、黄酒煲2小时，调入盐、鸡精，撒上葱段即可。

狗肉煲萝卜

（材料）狗肉500克，白萝卜300克

（调料）盐3克，鸡精5克，红油10毫升，豆瓣酱15克，食用油适量，姜片15克，蒜片、八角各10克

（做法）①狗肉洗净，斩件；白萝卜洗净，去皮，切块。②将白萝卜入沸水锅中煮10分钟后捞出；狗肉氽水，捞起备用。③油锅爆香姜片、蒜片、豆瓣酱、八角，下入狗肉炒香，下入盐、鸡精、红油，煮40分钟入味。④将食材盛入垫有白萝卜的砂煲中，小火煲至全部食材熟透，盛出即可。

牛蛙煲菜

冷锅牛蛙煲

材料 牛蛙500克，干红椒100克，熟芝麻、香菜各少许

调料 盐3克，姜片2克，花椒20克，生抽8毫升，食用油适量

做法 ①将牛蛙处理干净，剁成块；干红椒洗净，切段；花椒、香菜分别洗净，切碎。②油锅烧热，倒入牛蛙滑熟，捞出；另起油锅，再倒入干红椒、姜片，牛蛙回锅翻炒。③注入适量清水烧开，加入盐、生抽、花椒，盖上盖，大火煮沸后转小火煲煮至入味，最后撒上熟芝麻、香菜即可。

砂煲宫爆牛蛙

材料 牛蛙350克，干红椒50克

调料 盐2克，酱油、醋各10毫升，料酒、食用油各适量，葱少许

做法 ①牛蛙处理干净，剁成块；干红椒、葱分别洗净，切长段。②油锅烧热，下牛蛙炒至断生，放入干红椒同炒至熟。③烹入料酒烧开，调入盐、酱油、醋，收汁时撒上葱段。④将食材盛入砂煲中，小火煲至全部食材熟透，盛出即可。

🍲 鸡腿菇煲牛蛙

（材料）牛蛙100克，鸡腿菇150克，红椒10克

（调料）盐3克，胡椒粉2克，酱油4毫升，鸡精3克，食用油适量，葱10克，姜末8克

（做法）①牛蛙去皮，斩块，用酱油、胡椒粉稍腌；鸡腿菇洗净，对切；红椒洗净，切片；葱洗净，切段。②将牛蛙入油锅中滑散后捞出。③热锅注油，煸香葱段，下入牛蛙、鸡腿菇、红椒片、姜末，加入盐、鸡精、酱油，注入适量清水，翻炒均匀。④将食材盛入砂煲中，大火煮沸后转小火煲煮至水干，盛出装入碗中即可。

🍲 石锅煲蛙仔

（材料）牛蛙300克，蒜薹50克，干辣椒10克，高汤适量

（调料）盐、料酒、酱油、醋、食用油各适量，花椒少许

（做法）①牛蛙去除内脏，用水冲洗干净，剁成块，装碗，加入料酒、酱油，腌渍15分钟，至其入味；蒜薹、干辣椒均洗净，切段；花椒洗净。②油锅烧热，下干辣椒、蒜薹、牛蛙略炒，转入砂锅，倒入高汤烧开，转小火，煲煮至水分微干。③加入盐、酱油、醋、花椒调味即可。

鸡肉煲菜

陶然芋儿鸡煲

材料 鸡翅300克，芋头200克，高汤适量，泡椒适量

调料 盐5克，料酒10毫升，鸡精、生抽、食用油、葱各适量

做法 ①将鸡翅洗净，对半斩段，用盐、料酒、生抽拌匀，腌渍15分钟，至其入味；芋头去皮洗净，用挖球器挖成小球型；葱洗净，切末备用。②将鸡翅下入油锅中，煎至两面微黄，下入泡椒炒香，转入砂锅，倒入芋头、高汤，大火煮沸后转小火煲煮至汤汁浓稠。③调入盐、鸡精，续煲至食材熟透，关火，撒上葱末即可。

桑枝煲鸡

材料 母鸡肉900克，桑枝5克

调料 盐、鸡粉各2克，料酒5毫升

做法 ①往锅中注入适量清水烧开，放入洗净的母鸡肉略煮，余去血水，捞出，装入碗中，沥干水分，待用。②砂锅置火上，倒入备好的桑枝、鸡肉，注入适量清水，开大火，淋入料酒，盖上盖，煮开后转小火煮1小时至食材熟透。③揭盖，加入盐、鸡粉、拌匀，续煲至水分微干。④关火后盛出煮好的汤料，装入碗中，趁热饮用即可。

咖喱土豆鸡煲

(材料) 鸡肉300克，土豆250克，洋葱、红椒、芹菜梗各少许

(调料) 咖喱粉15克，红油、芝麻油、盐、味精、食用油各适量

(做法) ①鸡肉洗净，切块；土豆去皮，洗净，切块；洋葱、红椒洗净，切片；芹菜梗洗净，切段。②热锅下油，放入土豆和鸡块翻炒，加入适量清水，放入洋葱、红椒、芹菜梗和咖喱粉，大火煮沸后转入砂锅，转小火煲煮。③煮至水分微干时加入红油、芝麻油、盐、味精调味，再续煲至食材熟透，关火，盛出装入碗中即可。

山药枸杞滑鸡煲

(材料) 鸡1只，山药200克，枸杞20克

(调料) 盐5克，鸡精3克，食用油适量

(做法) ①将鸡收拾干净，取肉，斩件；枸杞用水泡发，洗净；山药去皮，切块。②锅上火，加油烧热，下入鸡肉块炒香，再下入山药块、枸杞稍炒。③将食材倒入砂锅中，加水、盐和鸡精，煲至入味即可。

椰汁芋头滑鸡煲

（材料）鸡肉400克，芋头500克，椰汁200毫升，青椒片、红椒片各50克

（调料）盐3克，淀粉、淡奶、味精、食用油各适量

（做法）①将鸡肉洗净，切块，用淀粉、盐腌渍，入热油锅，滑至半熟捞起。②芋头去皮，洗净，切块，入热油锅，炸至呈黄色时捞起。③油锅烧热，下入青椒片、红椒片炒香，再加鸡块、芋头同炒。④将食材转入砂锅，调入味精、椰汁、淡奶，小火煲煮至入味即可。

灵芝茶树菇木耳煲鸡

（材料）鸡肉块350克，茶树菇90克，水发木耳100克，灵芝、姜片各少许，黑豆45克，蜜枣、桂圆肉各适量

（调料）盐3克

（做法）①往锅中注入适量清水烧开，倒入洗净的鸡肉块，拌匀，余煮片刻，去除血渍，捞出，沥干水分，待用。②往砂锅中注入适量清水烧开，倒入鸡肉块、灵芝，倒入洗净的木耳、茶树菇、黑豆、蜜枣、桂圆肉、姜片拌匀，盖上盖，烧开后转小火煮约3小时，至食材熟透。③揭盖，加入盐，拌匀，改大火略煮，至汤汁入味。④关火后盛出煮好的食材，装在碗中即可。

🍲 烟笋煲土鸡

材料 干烟笋100克，土鸡300克

调料 盐、鸡精各2克，火锅油、芝麻油、花椒油各7毫升，豆瓣酱、火锅料各适量，姜10克，八角适量

做法 ①干烟笋洗净，泡发，放入锅中，小火煮至断生后捞出，沥干，切成条。②土鸡洗净，切件，氽水后沥干，放入砂锅中，加入豆瓣酱、八角、火锅料，注入适量清水，用小火煮2小时。③再加入干烟笋，调入姜、盐、鸡精、火锅油、芝麻油、花椒油一起煲至入味即可。

🍲 板栗鸡翅煲

材料 板栗250克，鸡翅500克

调料 盐5克，味精3克，料酒10毫升，淀粉10克，芝麻油15毫升，白糖8克，食用油适量，蒜蓉15克，葱花20克，姜片10克

做法 ①板栗去壳，洗净；鸡翅洗净，斩件，加少许盐、料酒腌10分钟。②往锅中加油烧热，放腌好的鸡翅稍炸后捞出沥油。③往砂锅内注油烧热，炝香蒜蓉、姜片，加鸡翅、板栗、料酒和适量清水同煲至熟，调入白糖、盐、味精，用淀粉勾芡，撒上葱花，淋入芝麻油即可。

特色凤爪煲

（材料）鸡爪400克，红椒少许

（调料）盐2克，老抽10毫升，白糖3克，料酒、红油各适量，葱5克

（做法）①鸡爪处理干净；红椒洗净，切碎；葱洗净，切段。②往锅内注水烧开，下鸡爪氽煮至熟，入冷水浸泡后捞出。③油锅烧热，放入红椒、老抽、白糖、料酒、红油炒香，调入盐翻炒均匀，倒入鸡爪，注入适量清水，大火煮沸。④将食材盛入砂煲中，小火煲煮至全部食材熟透，关火，盛出装入碗中，撒上葱段即可。

当归鸡肝煲

（材料）鸡肝250克，当归5克

（调料）盐3克，葱花适量

（做法）①将鸡肝清洗干净，切成块，备用；当归洗净，备用。②往锅中注水烧开，倒入切好的鸡肝，氽去血水后捞出，沥干水分。③砂锅置于火上，倒入适量清水，下入鸡肝、当归，大火煮沸后转小火煲煮至水分微干，加入盐调味，盖上盖，继续煲煮至食材熟透。④关火，将已经煲煮好的食材盛出，装入碗中，撒上葱花即可。

鸭肉煲菜

啤酒鸭煲

材料 鸭肉500克，啤酒300毫升，青椒、红椒各适量

调料 盐、味精、醋、生抽、食用油各适量

做法 ①将鸭肉洗净，切块；青椒、红椒洗净，切圈。②往锅内注油烧热，放入青椒、红椒爆香后，加入鸭块翻炒至变色，再加入盐、醋、生抽调味。③最后倒入啤酒，大火煮沸后转小火煲煮至收汁，加入味精调味，小火续煲入味，起锅装入碗中即可。

魔芋啤酒煲鸭

材料 鸭肉500克，泡椒100克，魔芋200克，啤酒1瓶，香菜段3克

调料 盐5克，鸡精2克，豆瓣酱3克，芝麻油3毫升，食用油50毫升，姜50克

做法 ①将鸭肉洗净，切块；姜、泡椒洗净，切片；魔芋洗净，切块，备用。②将鸭块入锅余水，捞起沥干；油烧热，放入豆瓣酱、姜、泡椒炒香，下入鸭肉、魔芋爆炒，转入砂锅，再倒入啤酒，用小火煲煮50分钟。③待鸭肉熟透后，加入盐、鸡精，淋上芝麻油，撒香菜段即可。

干煸加积鸭煲

（**材料**）鸭肉500克，青椒、红椒各20克，蒜苗适量

（**调料**）蒜、盐、味精、酱油、芝麻油各适量

（**做法**）①将鸭肉洗净，切成块，备用；青、红椒清洗干净，切成块，备用；蒜去皮，洗净；蒜苗洗净，切段，备用。②将鸭肉、青椒、红椒、蒜、蒜苗放入砂锅中，加入适量水，煲煮至汤汁收干。③放入盐、味精、酱油、芝麻油调味，加盖煲熟，关火，盛出已经煮好的食材，装入干净的碗中即可。

面筋煲鸭

（**材料**）鸭肉300克，面筋150克，黄彩椒片、红椒片、香菇、芹菜梗各适量

（**调料**）盐、味精、料酒、蒜各适量

（**做法**）①将鸭肉洗净，切成块，放入沸水锅中，氽去血水，捞出，沥干，装入碗中，加入盐、料酒，搅拌均匀，腌渍15分钟至其入味；香菇清洗干净，切成条；芹菜梗洗净，切成段。②将所有材料放入砂煲中，加入适量清水，大火煮沸后，转小火煲至水干，放入盐、味精。③盖上盖，续煲至食材熟透，关火盛出即可。

鹅肉煲菜

风味鹅肠煲

材料 鹅肠400克，蒜薹、红椒各适量

调料 盐3克，味精1克，醋8毫升，酱油10毫升，食用油适量，蒜少许

做法 ①将鹅肠剪开，洗净，切段；蒜薹洗净，切段；蒜去皮，洗净，切片；红椒洗净，切条。②往锅内注油烧热，放入鹅肠翻炒至变色后，注水并加入蒜薹、蒜片、红椒。③加盐、醋、酱油，拌匀，转入砂锅，小火煲煮至水分微干，加入味精调味，续煲至食材熟透，起锅装碗即可。

家鹅煲土豆

材料 鹅肉500克，土豆200克，油菜少许

调料 盐3克，味精1克，醋9毫升，酱油15毫升，食用油适量

做法 ①将鹅肉洗净，切块；土豆去皮，洗净，切块；油菜洗净。②往锅内注油烧热，放入鹅块，翻炒至变色吐油后，加入土豆炒匀。③注水并加入盐、醋、酱油，转入砂锅，煲煮至熟，再加入油菜煮熟后，加入味精调味即可。

腐竹鹅煲

（材料）鹅肉500克，腐竹150克，香菜少许

（调料）盐3克，味精1克，醋8毫升，酱油15毫升，五香粉10克，姜、食用油各适量

（做法）①将鹅肉洗净，切块；腐竹泡发，洗净，切成长段；香菜洗净，切段；姜洗净，切末。②往锅内注油烧热，放入鹅块翻炒至变色时，下腐竹、五香粉、姜末炒香，注入少量水，加入盐、醋、酱油，转入砂锅，小火煲煮至收汁。③加入味精调味，续煲至入味，盛出，装入碗中，撒上香菜即可。

私房腊鹅煲

（材料）油菜300克，腊鹅250克，香菜适量

（调料）盐、鸡精各3克，蚝油、芝麻油、老抽各适量

（做法）①腊鹅清洗干净，切成若干小块，备用；油菜清洗干净，切长段，备用。②将油菜和腊鹅放入砂锅中，加入盐、芝麻油、老抽、蚝油，注入适量清水，以大火煮沸后转小火煲煮至收汁。③放入鸡精调味，续煲至入味，撒上香菜，关火即可。

素煲菜

生啫芥蓝煲

（材料）芥蓝200克，红椒10克

（调料）盐、味精、姜各适量

（做法）①芥蓝清洗干净，切成段；红椒清洗干净后切开去籽，再切成丝；姜清洗干净，去皮，切成丝。②将芥蓝、红椒丝和姜丝放入砂锅中，加入少量水，大火煮沸后转小火煲煮至水干。③加入盐、味精调味，关火，盛出，装入碗中即可。

黄瓜梨煲

（材料）黄瓜、梨各150克，樱桃1个

（调料）白糖5克，盐少许

（做法）①黄瓜去皮，洗净，切片；梨洗净，去柄、皮、核，切块；樱桃洗净，备用。②将黄瓜、梨放入煲中，加水盖过材料，大火煮沸后转小火煲煮至水干。③加入盐、白糖调味，关火，盛出，装入碗中，放入樱桃点缀即可。

丝瓜豆腐煲

（材料）丝瓜1条，油豆腐200克，木耳20克，竹笋100克，鸡汤500毫升，香菜适量

（调料）辣椒粉4克，盐3克

（做法）①丝瓜去皮，洗净，切长条；油豆腐洗净；木耳泡发，洗净，切碎；竹笋洗净，切块；香菜洗净，切段。②往砂锅中倒入鸡汤，大火煮沸，下入丝瓜、油豆腐、木耳、竹笋。③煲煮至水干后，放入盐、辣椒粉调味，续煲至食材熟透，撒入香菜即可。

芋头南瓜煲

（材料）芋头200克，南瓜200克，炸花生米30克，淡奶40毫升，鸡汤1000毫升

（调料）盐2克，鸡精5克，食用油适量，葱油少许

（做法）①芋头洗净，去皮，切成条，备用；南瓜去皮，洗净，切成条，备用。②将芋头条放入蒸锅中蒸30分钟至熟软；南瓜条入油锅中炸熟；花生米拍碎。③往砂煲中放入芋头、南瓜，倒入鸡汤、淡奶、加盐、鸡精，小火煲至熟，待鸡汤快收干时撒上花生米，淋入葱油即可。

南瓜香芋椰汁煲

材料 南瓜、芋头各200克，装饰用糖果粒适量

调料 白糖、椰汁、食用油各适量

做法 ①将南瓜洗净，去皮、瓤，切条；芋头洗净，去皮，切条。②锅中加食用油，大火烧热，放入南瓜、芋头稍炒，再加入适量清水，盖上盖，小火煮至食材入味，然后将食材转入砂锅。③往砂锅中加入白糖，盖上锅盖，大火煮至沸腾。④将砂锅取下，淋上椰汁，撒上装饰用糖果粒即可。

丝瓜素煲

材料 丝瓜300克，红椒适量

调料 盐2克，味精1克，食用油适量

做法 ①将丝瓜削去老皮，洗净，切长段；红椒洗净，去籽，切圈。②锅中倒入食用油，大火烧热，放入红椒爆香，再下入切好的丝瓜，翻炒均匀，再将食材转入砂锅。③往砂锅中倒入适量清水，盖上锅盖，大火煮沸后，改小火煲煮至食材入味。④揭开锅盖，加盐、味精调味即可。

黑椒豆腐茄子煲

（材料）茄子160克，日本豆腐200克

（调料）盐、黑胡椒粉各2克，鸡粉3克，生抽、老抽各3毫升，水淀粉、蚝油、食用油各适量，蒜片少许

（做法）①将茄子洗净，切段；日本豆腐切块。②热锅注油，烧至六成热，倒入茄子，炸约1分钟至微黄色，捞出，沥干油，装入盘中待用。③用油起锅，倒入蒜片爆香，注入适量清水，加盐、生抽、老抽、蚝油、鸡粉、黑胡椒粉，拌匀，倒入茄子、日本豆腐，煮约10分钟使食材充分入味。④加入水淀粉，轻轻翻炒均匀。⑤关火，将煮好的菜肴盛出，放入砂锅中，加盖，小火煲煮10分钟至食材熟透即可。

客家茄子煲

（材料）茄子400克

（调料）盐3克，鸡精2克，酱油3毫升，醋、食用油各适量，姜末、蒜蓉各3克，葱、红椒各5克

（做法）①茄子洗净，切条状；葱洗净，切花；红椒去蒂，洗净，切丁。②锅入水烧开，放入茄子焯水，捞出沥干。③锅下油烧热，入姜末、蒜蓉爆香，放入茄子翻炒片刻，加盐、鸡精、酱油、醋炒匀，转入砂锅，加清水煲至熟装盘，撒上葱花即可。

土豆茄子煲

(材料) 茄子、土豆各200克，青椒100克

(调料) 盐3克，味精2克，蒜、酱油、食用油各适量

(做法) ①茄子清洗干净，切块；土豆洗净，去皮，切块；青椒洗净，切片；蒜去皮，洗净，切丁。②油锅烧热，放入蒜爆香，再入茄子、土豆、青椒稍炒。③加入适量清水，放盐、酱油煮沸，放入味精拌匀。④将食材盛入砂煲中，转大火，盖上盖，煮至食材熟透，水分煲干，盛出，装入碗中即可。

油焖茄子煲

(材料) 茄子300克，青椒、红椒各100克

(调料) 盐3克，味精2克，蒜、酱油、食用油各适量

(做法) ①茄子洗净，切块；青椒、红椒洗净，切片；蒜去皮，洗净，切片。②油烧热，放入蒜爆香，再入茄子、青椒和红椒稍炒。③加入适量清水，加入盐、酱油煮沸，放入味精炒匀。④将食材盛入砂煲中，转大火，盖上盖，略煮至全部食材熟透，盛出，装入碗中即可。

口味茄子煲

材料 茄子200克

调料 盐、鸡粉各2克，老抽2毫升，生抽、辣椒油、水淀粉各5毫升，豆瓣酱、辣椒酱各10克，椒盐粉1克，食用油适量，葱70克，朝天椒25克，姜片、蒜末、葱段、葱花各少许

做法 ①将茄子洗净，去皮，切条；葱洗净，切小段；朝天椒洗净，切圈。②往热锅中注油烧热，放入茄子，炸至金黄色，捞出。③锅留底油，放入朝天椒、葱段、蒜末、姜片、大葱炒匀，加生抽，倒入茄子，注入适量清水，放豆瓣酱、辣椒酱、辣椒油、椒盐粉。④加入老抽、盐、鸡粉，倒入水淀粉勾芡。⑤将食材盛入砂锅中，置于火上煲熟，撒葱花即可。

塔香茄子煲

材料 茄子400克

调料 白糖、盐、芝麻油、食用油各适量

做法 ①将茄子清洗干净，去皮，切成段。②热锅下油，放入白糖，炒至溶化，放入茄子裹上糖色。③加入少量清水，加入盐，大火煮沸后转小火煲煮至熟，④将食材盛入砂煲中，转大火，盖上盖，略煮至水分煲干，关火，装入碗中，淋上芝麻油即可。

冰糖板栗芋仔煲

材料 芋头250克，板栗50克

调料 冰糖15克，姜片适量

做法 ①芋头清洗干净，去掉表皮，备用；板栗清洗干净，去壳，备用。②往砂锅中注入适量清水，大火烧开后加入姜片，稍稍搅拌一下，放入芋头、板栗，盖上盖，转小火煲煮半小时，揭开盖子，加入冰糖，搅拌均匀。③盖上盖，煮至冰糖溶化后继续煲煮至水分微干，关火，盛出已经煮好的食材，装入碗中即可。

葱油芋艿煲

材料 芋头290克，葱花适量

调料 盐1克，黑胡椒粉3克，花椒粉、食用油各适量

做法 ①将芋头去掉表皮后清洗干净，装盘，备用；葱清洗干净，切花。②蒸笼置于火上，注入适量清水烧开，放入装有芋头的蒸盘，蒸至熟透后取出。③油锅注油烧热，放入葱花，炒出香味，加入蒸好的芋头、黑胡椒粉、花椒粉，注入适量清水，盖上盖，大火烧开后转小火煲煮，直至水分微干。④揭盖，加入盐调味后将食材转盛入砂煲中，稍稍加热即可。

西红柿土豆煲

（材料）土豆500克，洋葱100克，西红柿100克

（调料）番茄酱75克，面粉10克，盐5克，白糖3克，味精2克，食用油适量，胡椒粉少许

（做法）①土豆去皮洗净，切厚片，用热油炸至半熟，捞出沥油；洋葱洗净，切片；西红柿洗净，切小块。②往锅中倒油烧热，入洋葱炒香，后加番茄酱炒至红亮，再撒入面粉炒香，加适量水调成汁，转入砂锅。③放盐、胡椒粉、西红柿、白糖、味精，调好味，微沸后放入土豆片，盖上盖，用小火煲煮至水干，关火，盛出煮好的食材，装入碗中即可。

鸡汁菌菇煲

（材料）秀珍菇、鸡腿菇各150克，青椒、红椒、鸡汤各适量，生菜叶少许

（调料）盐3克，酱油6毫升，食用油适量

（做法）①秀珍菇洗净；鸡腿菇洗净，择去菌盖后切片；青椒、红椒洗净，切块；生菜叶洗净，铺在盘底。②往锅中注油烧热，放入青、红椒爆香，放入秀珍菇、鸡腿菇翻炒片刻，转入砂锅。③往锅内注入鸡汤，大火烧开后转小火煲煮至收汁，加入盐、酱油调味。④关火，盛出煮好的食材，装入碗中即可。

🍲 蚝皇什菇煲

(材料) 茶树菇100克，平菇、香菇各200克，青椒、红椒各20克

(调料) 生抽4毫升，盐、食用油各适量，蒜10克

(做法) ①将茶树菇、平菇、香菇分别泡发，洗净，撕成片，备用；青椒、红椒洗净，切成片；蒜去皮，洗净，切片。②往锅中注油烧热，放入蒜片，大火爆香，放入茶树菇、平菇、香菇、青椒、红椒翻炒片刻，转入砂锅。③注入适量清水，盖上盖，大火烧开后转小火煲煮至收汁。④揭开盖子，调入盐、生抽，煮至食材入味，关火，盛出煮好的食材，装入干净的碗中即可。

🍲 三耳菌鸡汤煲

(材料) 金耳、银耳各50克，木耳20克，西蓝花100克，鸡汤适量

(调料) 盐3克，酱油4毫升

(做法) ①将银耳、金耳、木耳分别泡发，洗净，撕成片，备用；西蓝花洗净，切成朵，备用。②砂锅置于火上，倒入鸡汤拌匀，放入银耳、金耳、木耳、西蓝花，盖上盖，大火烧开以后转小火煲煮至收汁。③揭开盖，放入盐、酱油调味，续煲至入味，关火，盛出煮好的食材，装入干净的碗中即可。

九层塔豆腐煲

（材料）九层塔100克，豆腐220克

（调料）低盐酱油5毫升，食用油适量

（做法）①将九层塔挑取嫩叶，清洗干净，备用；豆腐洗净，切成方块，装碗，备用。②用油起锅，放入豆腐炸至两面酥黄，捞出沥干，待用。③往砂煲中加入1000毫升水、低盐酱油，放入豆腐拌匀，大火煮沸后转小火煮至水分收干，加入九层塔拌匀。④关火，盛出煮好的食材，装入干净的碗中即可。

客家煲仔豆腐

（材料）豆腐200克，青菜50克，熟黄豆适量

（调料）盐、蚝油、胡椒粉、鸡精、食用油、姜末、葱花各适量

（做法）①将豆腐洗净，切块；青菜洗净，用开水焯熟待用。②平锅放油，放入豆腐煎至两面金黄待用。③锅内留少许油，加姜末、盐、胡椒粉、鸡精、蚝油、适量水，大火烧开起泡做成酱汁，转入砂锅。④将青菜和豆腐、熟黄豆一起放入砂锅，煲至入味，撒上葱花即可。

🍲 煎酿豆腐煲

（材料）豆腐300克，菜心20克

（调料）酱油、盐、味精、蚝油、料酒、食用油各适量，葱少许

（做法）①豆腐洗净，切块；油锅烧热，下豆腐煎至两面金黄；菜心洗净；葱洗净，切成葱花。②把豆腐和菜心放入瓦煲里，将酱油、蚝油、水、料酒、盐、味精调成半碗味汁，倒入瓦煲里。③盖上锅盖，小火煲至熟，起锅前撒上葱花即可。

🍲 蟹粉豆腐煲

（材料）豆腐500克，蟹粉、红椒各80克

（调料）盐、味精各适量

（做法）①将豆腐用水清洗干净，切方块，装入碗中，备用；红椒清洗干净，切成丁，备用。②往锅中注入适量清水，放入豆腐、蟹粉和红椒，盖上盖，大火烧开后转小火煲煮至收汁。③揭开盖子，调入盐、味精，煮至食材入味，关火，盛出煮好的食材，装入干净的碗中即可。

板栗腐竹煲

(材料) 腐竹20克，香菇30克，青椒、红椒各15克，芹菜段10克，板栗60克

(调料) 盐、鸡粉各2克，水淀粉、白糖、番茄酱、生抽、食用油各适量，姜片、蒜末、葱段、葱花各少许

(做法) ①青椒、红椒均洗净，切块；香菇洗净，切小块；板栗洗净，去壳，切去两端。②腐竹泡发洗净，过油。③锅留底油烧热，倒入姜片、蒜末、葱段爆香，放入香菇炒匀，注入清水，倒入腐竹、板栗，加入生抽、盐、鸡粉、白糖、番茄酱，拌匀调味。④盖上盖，烧开后用小火焖煮约4分钟，倒入青椒、红椒炒至断生。⑤倒入水淀粉勾芡，撒上芹菜段炒约1分钟，再将食材盛入砂锅中，煲煮至沸，撒上葱花即可。

菜心香菇面筋煲

(材料) 菜心300克，香菇200克，油面筋100克

(调料) 盐、味精、食用油各适量

(做法) ①菜心用水清洗干净，对半切开，备用；香菇清洗干净，切开，备用；油面筋清洗干净，备用。②热锅下油，放入油面筋和香菇翻炒至八成熟，再放入菜心翻炒，转入砂锅。③注入适量清水，盖上盖，大火烧开后转小火煲煮至收汁。④揭开盖子，调入盐、味精，煮至食材入味，关火，盛出煮好的食材，装入干净的碗中即可。

焖 Part 3 菜

焖菜是经过先煎、爆，后焖，再改用小火，添汁焖至酥烂而成的。焖菜软烂可口，汁稠醇厚，既开胃，又能让人感觉暖意融融，是餐桌上不可或缺的美食。

浓浓的肉汁，腾腾冒着热气，醇厚的香气扑鼻而来，惬意无比。本章就将带你走进焖菜的世界，乐享餐桌美味。

水产焖菜

🍲 豆瓣酱焖红衫鱼

材料 红衫鱼200克

调料 豆瓣酱6克，盐、鸡粉各2克，料酒、生抽各6毫升，生粉、水淀粉、食用油各适量，姜片、蒜末、红椒圈、葱丝各少许

做法 ①将处理好的红衫鱼，加盐、鸡粉、生抽、料酒、生粉拌匀腌渍。②热锅注油烧热，放入红衫鱼炸约2分钟至熟，捞出待用。③锅留底油，放入姜片、蒜末、红椒圈爆香，入料酒、水，加豆瓣酱、盐、鸡粉、生抽拌匀，待沸时放入红衫鱼，盖上锅盖续煮2分钟至入味，盛出装盘。④锅中汤汁加水淀粉勾芡，淋入鱼身，撒葱丝即可。

🍲 酱焖鲫鱼

材料 净鲫鱼700克，红椒50克

调料 香菇酱40克，生抽5毫升，料酒5毫升，盐5克，白糖2克，水淀粉3毫升，胡椒粉、食用油各适量，葱段、姜丝少许

做法 ①净鲫鱼抹盐腌渍5分钟。②油锅烧热，放入鲫鱼煎至两面微黄，盛出。③油锅烧热，倒入姜丝、葱段、香菇酱炒香，淋生抽、料酒，注水，放入鲫鱼，加盐、白糖、胡椒粉，盖上盖，焖5分钟至入味，开盖，盛出。④将红椒倒入锅内，加入水淀粉炒至汤汁浓稠，盛出浇在鲫鱼上即可。

🍲 醋焖鲫鱼

(材料) 鲫鱼350克

(调料) 盐、白糖、鸡粉各3克，老抽2毫升，生抽5毫升，陈醋10毫升，生粉、水淀粉、食用油各适量，花椒、姜片、蒜末、葱段各少许

(做法) ①将处理干净的鲫鱼加盐、生抽、生粉裹匀，腌渍片刻。②热锅注油烧至四五成热，放入鲫鱼，中火炸至金黄色，捞出。③锅留底油，放入花椒、姜片、蒜末、葱段爆香，加清水、生抽、白糖、盐、鸡粉、陈醋，用中火拌匀，煮约半分钟，至汤汁沸腾，放入鲫鱼，淋老抽，盖上锅盖，转小火焖约1分钟，至鱼肉入味。④盛出鲫鱼，装入盘中，待用。⑤将锅中汤汁烧热，用水淀粉勾芡，调成味汁，浇在鱼身上即可。

🍲 火焙鱼焖黄芽白

(材料) 火焙鱼100克，白菜400克，红椒1个

(调料) 盐、鸡粉各3克，料酒、生抽各少许，水淀粉、食用油各适量，姜片、葱段、蒜末各少许

(做法) ①将红椒洗净，切小块；白菜洗净，切小块。②往锅中加水烧开，放入少许盐、食用油，放入白菜拌匀，煮半分钟，捞出，待用。③热锅注油，烧至四五成热，放入处理干净的火焙鱼略炸，捞出，装入盘中，待用。④锅留底油，放入姜片、葱段、蒜末、红椒炒香，放入火焙鱼炒匀，淋料酒、生抽，倒入白菜炒匀，加入少许清水炒匀，加盐、鸡粉调味。⑤加盖，焖1分钟，揭盖，放入水淀粉勾芡即可。

🍲 糖醋焖福寿鱼

（材料）福寿鱼400克

（调料）盐2克，番茄酱10克，白糖8克，白醋6毫升，水淀粉4毫升，生粉、食用油各适量，姜末、蒜末、葱花各少许

（做法）①将处理干净的福寿鱼两面切上网格花刀，备用。②热锅注油，烧至六成热，将福寿鱼裹上生粉，放入油锅中，炸至金黄色，捞出，沥干油，放入盘中，待用。③用油起锅，倒入姜末、蒜末，爆香，放入番茄酱拌匀，倒入白醋、白糖炒匀，煮至糖溶。④加盐、水淀粉，翻炒均匀，撒上葱花，炒匀，调制成味汁。⑤关火后盛出味汁，浇在炸好的鱼上即可。

🍲 醋焖多宝鱼

（材料）多宝鱼300克

（调料）盐3克，料酒10克，陈醋15毫升，食用油适量，葱花15克

（做法）①将多宝鱼去鳞、鳃、内脏，洗净，在鱼身上打上花刀，加盐、料酒抓匀，腌渍10分钟至入味。②锅中加油烧热，放入多宝鱼，煎至两面金黄，注入少量清水烧开。③倒入陈醋，盖上盖，小火焖煮至汤汁浓稠，揭开盖，撒上葱花，关火盛出即可。

🍲 酸菜焖小黄鱼

(材料) 黄鱼400克，灯笼泡椒20克，酸菜50克

(调料) 生抽、辣椒油各5毫升，生粉、豆瓣酱各15克，盐、鸡粉各2克，食用油适量，姜片、蒜末、葱段各少许

(做法) ①酸菜洗净，剁碎；灯笼泡椒洗净，切小块；处理干净的黄鱼加盐、生抽、生粉抹匀，入五成热油锅中炸至金黄，捞出。②锅留底油，放入蒜末、姜片爆香，倒入酸菜、灯笼泡椒炒匀，加清水、豆瓣酱、盐、鸡粉，炒匀调味，淋入辣椒油炒匀，煮沸。③放入黄鱼，盖上锅盖，焖煮约2分钟，至食材入味。④关火后盛出黄鱼，装入盘中，撒上葱段即可。

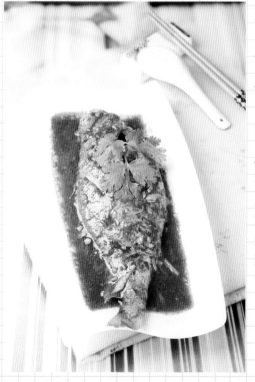

🍲 酱焖黄鱼

(材料) 黄鱼600克，香菜少许

(调料) 生抽5毫升，黄豆酱10克，盐、白糖各2克，食用油适量，葱段5克，姜片10克，蒜末10克

(做法) ①将处理好的黄鱼背部切一字刀，再入油锅，煎至两面微黄，盛出装盘，待用。②锅留底油，倒入姜片、蒜末、葱段、黄豆酱炒香，加生抽、清水，倒入黄鱼，加盐、白糖调味。③盖上锅盖，大火焖5分钟至食材入味，掀开锅盖，盛出黄鱼装入盘中。④浇上汤汁，点缀上香菜即可。

小黄鱼焖豆腐

材料 小黄鱼、豆腐各300克

调料 盐4克，料酒4毫升，水淀粉10克，食用油适量，葱10克

做法 ①将小黄鱼去鳞及内脏，洗净，打上花刀，加入料酒，腌渍去腥；葱洗净，切成葱花。②油锅烧热，放入小黄鱼稍炸，捞出沥干油，备用。③锅留底油，放入小黄鱼、豆腐，翻炒片刻。④调入盐、料酒，倒入水淀粉勾芡，盖上盖焖煮至片刻，至汤汁收浓，开盖，撒上葱花，盛出即可。

糟卤焖黄鱼片

材料 黄鱼500克，木耳100克，红椒适量

调料 盐2克，味精3克，料酒、糟卤、食用油各适量

做法 ①将黄鱼去鳞及内脏，洗净，切片，用盐和料酒拌匀，腌渍入味；木耳洗净，泡发；红椒洗净，切圈。②热锅下油烧热，注入适量清水，放入黄鱼、木耳拌匀，盖上盖，焖煮10分钟。③开盖，加入糟卤和红椒拌匀煮至熟，加盐、味精调味，关火盛出即可。

豆腐焖黄骨鱼

材料 净黄骨鱼500克，豆腐块300克，白萝卜丁70克，红椒圈、青椒圈各15克，香菜少许

调料 豆瓣酱15克，盐3克，姜片、葱白、鸡粉、料酒、食用油各适量

做法 ①将豆腐块洗净，焯水。②黄骨鱼加盐、鸡粉、料酒拌匀腌渍。③姜片入油锅爆香，入黄骨鱼煎至断生，加料酒、清水稍煮，加豆瓣酱、盐、鸡粉、青椒圈、红椒圈、白萝卜丁、豆腐块煮沸，盖上锅盖，焖2分钟至入味。④揭盖，盛出装盘，撒香菜、葱白即可。

腐竹大蒜焖鲇鱼

（**材料**）腐竹100克，鲇鱼1条，高汤适量

（**调料**）盐3克，味精3克，蚝油5克，老抽2毫升，食用油适量，蒜片20克，姜片5克

（**做法**）①将鲇鱼处理干净。②将鲇鱼切成块状；腐竹泡发，洗净，备用。③锅置火上，注入适量食用油烧热，放入姜片、蒜片爆香，注入适量高汤，淋入蚝油、老抽，放入鲇鱼块、腐竹，盖上盖，焖至食材熟透。④揭盖，下盐、味精炒匀即可。

川江辣焖鲇鱼

（**材料**）鲇鱼段700克，蒜苗段50克，泡小米椒、灯笼泡椒各少许

（**调料**）盐4克，鸡精3克，生抽、料酒、豆瓣酱、食用油、姜片各适量

（**做法**）①热锅注油烧热，放入处理干净的鲇鱼段，炸至焦黄，捞出沥干油，备用。②锅留底油，倒入姜片、泡小米椒、灯笼泡椒、蒜苗段炒匀，加入适量清水，放入豆瓣酱、盐、鸡精、生抽拌匀调味。③倒入油炸过的鱼块，淋料酒，盖上盖，焖煮至食材熟透、入味后盛出即可。

家常焖鲈鱼

（**材料**）鲈鱼500克

（**调料**）料酒、盐、淀粉、味精、胡椒粉、食用油各适量，红椒片、姜丝、葱段、葱白各少许

（**做法**）①鲈鱼处理干净，两面打上花刀，装入盘中，加入料酒、盐、淀粉抹匀，腌渍入味。②热锅注油烧热，放入鲈鱼炸熟，捞出装盘。③锅留底油，倒入姜丝、葱白煸香，倒入适量清水、鲈鱼、料酒。④盖上锅盖，焖至入味，揭盖，加盐、味精、红椒片，撒上胡椒粉、葱段，淋入热油拌匀，出锅，盛盘即可。

辣酱焖豆腐鳕鱼

（材料）鳕鱼肉270克，豆腐200克，青椒35克，红椒20克

（调料）盐2克，生抽4毫升，料酒6毫升，生粉5克，辣椒酱、食用油各适量，蒜末、葱花各少许

（做法）①将豆腐洗净，切方块；青椒、红椒均洗净，切块；鳕鱼肉洗净，切小块。②煎锅置于火上，倒入食用油烧热，放入裹上生粉的鳕鱼块，用中小火煎至两面焦黄，盛出，待用。③用油起锅，放入蒜末爆香，倒入青椒、红椒，放入辣椒酱炒匀，注入适量清水，加盐、生抽，放入鳕鱼、豆腐，淋料酒。④盖上锅盖，烧开后用小火煮约15分钟至其入味。⑤揭开锅盖，关火后盛出食材装入盘中，撒上葱花即可。

茄汁焖鳕鱼

（材料）鳕鱼200克，西红柿100克，洋葱30克，豌豆40克，玉米粒40克

（调料）盐2克，生粉3克，料酒3毫升，番茄酱10克，水淀粉、橄榄油各适量

（做法）①将去皮洗净的洋葱切粒；洗好的西红柿去蒂，切小块；洗净的鳕鱼加料酒、盐、生粉拌匀腌渍。②往锅中加橄榄油，放入鳕鱼，用小火煎至两面焦黄，盛出。③往锅中注入清水烧开，倒入洗净的玉米粒略煮，加入洗好的豌豆煮至断生，捞出，沥干水分，备用。④锅中加橄榄油烧热，倒入洋葱、西红柿、玉米粒、豌豆炒匀，倒入少许清水，盖上锅盖稍焖。⑤揭盖，加盐、番茄酱，炒匀调味，倒入水淀粉勾芡。⑥将煎好的鳕鱼装入盘中，浇上制好的汤汁既可。

紫苏焖鲤鱼

（材料）鲤鱼1条，紫苏叶30克

（调料）盐4克，鸡粉3克，生粉20克，生抽5毫升，水淀粉10毫升，食用油适量，姜片、蒜末、葱段各少许

（做法）①将洗净的紫苏叶切段；处理好的鲤鱼加盐、鸡粉、生粉拌匀，腌渍。②热锅注油，烧至六成热，放入鲤鱼炸约2分钟至金黄，装盘，备用。③锅留底油，放入姜片、蒜末、葱段爆香，加清水、生抽、盐、鸡粉拌匀，放入鲤鱼盖上锅盖，焖2分钟至入味。④倒入紫苏叶，续煮至熟软。⑤把鲤鱼捞出，装入盘中，再把锅中的汤汁加热，淋入水淀粉勾芡，浇在鱼身上即可。

黄花菜木耳焖鲤鱼

（材料）鲤鱼400克，净黄花菜100克，水发木耳块40克

（调料）盐、鸡粉、白糖、胡椒粉各2克，老抽2毫升，生抽4毫升，料酒5毫升，水淀粉、芝麻油、食用油各适量，八角、香叶、姜丝、蒜末、葱段各少许

（做法）①将处理干净的鲤鱼打上花刀。②往锅中注入清水烧开，放入黄花菜、木耳块拌匀，煮半分钟后捞出。③用油起锅，放入鲤鱼煎至两面焦黄，盛出。④注油烧热，放入姜丝、蒜末、葱段爆香，倒入八角、香叶、黄花菜、木耳块炒匀，淋料酒提味，加清水、鲤鱼，煮沸，加盐、生抽、老抽、胡椒粉、鸡粉、白糖调味，盖上锅盖，焖3分钟。⑤揭盖，加水淀粉勾芡，淋芝麻油即可。

焖刀鱼

（材料）刀鱼350克

（调料）盐2克，花椒油、食用油各适量，生抽、料酒各少许，蒜瓣、葱段各少许

（做法）①将洗净的刀鱼切上花刀，加生抽、料酒抹匀，腌渍约10分钟，至其入味，备用。②煎锅置于火上，倒入食用油烧热，放入刀鱼，用中火煎至两面断生，倒入蒜瓣、葱段炒香，注入适量清水，加入盐、料酒、生抽调味，盖上盖，中火焖约2分钟至其入味。③开盖，加入花椒油调味，再盖上锅盖，焖煮至入味。④揭盖，关火，盛出菜肴，装盘即可。

酱焖多春鱼

（材料）多春鱼270克

（调料）白糖、鸡粉各2克，陈醋2毫升，生粉、水淀粉、豆瓣酱、食用油各适量，姜末、蒜末、葱花各少许

（做法）①热锅注油，烧至六成热，将处理好的多春鱼裹上生粉，放入油锅中，用中火炸约2分钟至呈金黄色，捞出，沥干油，待用。②用油起锅，倒入姜末、蒜末爆香，加豆瓣酱，用小火炒香，注入少许清水，加白糖、陈醋，待汤汁沸腾，倒入多春鱼，中火煮约3分钟至其入味。③加入鸡粉，再盖上盖，焖煮至入味。④揭盖，倒入水淀粉勾芡，盛出装盘，撒上葱花即可。

糖醋焖带鱼

（材料）带鱼450克

（调料）醋30毫升，白糖30克，酱油5毫升，料酒10毫升，味精、盐各适量

（做法）①将带鱼处理干净，用刀划斜纹，切段，备用。②将鱼段用料酒、酱油腌渍30分钟，去除腥味。③往锅内注入食用油烧热，放入腌好的鱼段炸至金黄色，捞出沥干油，备用。④锅留底油烧热，倒入鱼块，加入醋、白糖以及余下的料酒和酱油，盖上盖，焖至食材熟透，开盖，加入盐、味精调味即可。

醋焖腐竹带鱼

（材料）带鱼110克，蒜苗段70克，红椒块40克，腐竹35克

（调料）盐3克，白糖2克，生粉15克，白醋10毫升，生抽11毫升，料酒4毫升，水淀粉5毫升，鸡粉、食用油各适量，姜末、蒜末、葱段各少许

（做法）①将带鱼处理干净，切小块，加生抽、盐、鸡粉、料酒抓匀，撒生粉裹匀。②往锅中倒油烧热，放入腐竹，炸至金黄色，捞出；放入带鱼，炸至金黄色，捞出。③锅留底油，入姜末、葱段、蒜末、蒜苗梗爆香，注水，放入腐竹炒匀，加盐、白糖，煮至汤汁沸腾。④放入红椒，淋生抽，倒入带鱼、蒜苗叶炒匀，淋白醋炒入味。⑤加盖稍焖，后揭盖，倒入水淀粉勾芡即可。

🍲 苦瓜焖鲳鱼

(材料) 鲳鱼550克,苦瓜260克,彩椒块15克

(调料) 料酒、盐、生抽、鸡粉、胡椒粉、食用油各适量,姜片、葱段各少许

(做法) ①将苦瓜洗净,去瓤,切块;鲳鱼处理干净,两面打网格花刀,备用。②用油起锅,放入鲳鱼,用中火煎香,煎至两面断生,将多余的油盛出。③放入姜片、葱段爆香,注入适量清水,加料酒、盐、生抽,搅匀调味,倒入苦瓜拌匀。④盖上盖,烧开后用小火煮10分钟至其熟软,揭开锅盖,放入彩椒块,再盖上盖,用小火续煮5分钟至食材入味。⑤关火后揭开锅盖,盛出鲳鱼,摆入盘中。⑥往锅里的汤料中加入鸡粉、胡椒粉搅匀,盛出,浇在鲳鱼上即可。

🍲 酱焖鲳鱼

(材料) 净鲳鱼400克

(调料) 甜面酱20克,泰式甜辣酱40克,盐、鸡粉各3克,生粉15克,料酒、生抽各6毫升,老抽、水淀粉、食用油各适量,蒜末、姜片、葱段各少许

(做法) ①将鲳鱼收拾干净,加盐、鸡粉、料酒、生抽、生粉拌匀,腌渍10分钟。②热锅注油,烧至六成热,放入鲳鱼,中小火炸约2分钟至熟,捞出。③用油起锅,放入姜片、蒜末爆香,加清水、盐、鸡粉、泰式甜辣酱、甜面酱拌匀,淋生抽、老抽,大火煮沸。④倒入鲳鱼,盖上锅盖,小火焖约2分钟至入味,盛出装盘。⑤锅中余下汤汁,大火烧沸,淋入水淀粉拌匀,制成稠汁,浇在鱼身上,撒上葱段即可。

豆瓣酱焖鲳鱼

材料 鲳鱼400克

调料 豆瓣酱25克，鸡粉2克，料酒5毫升，香醋3毫升，白糖3克，水淀粉4毫升，食用油适量，蒜末15克，姜末10克，葱花15克

做法 ①将处理干净的鲳鱼两面切十字花刀，再入六成热油锅炸至起皮，捞出控油。②锅留底油，倒入姜末、蒜末爆香，放入豆瓣酱炒匀，注入清水，放入鲳鱼，淋料酒、香醋煮沸，盖上锅盖，稍焖至入味。③揭盖，加入鸡粉、白糖调味，盛出，装盘，待用。④往锅中淋入水淀粉勾芡，盛出，浇在鱼身上，撒葱花即可。

香菇笋丝焖鲳鱼

材料 鲳鱼350克，竹笋丝15克，肉丝50克，香菇丝15克

调料 盐3克，鸡粉2克，料酒5毫升，水淀粉4毫升，生抽4毫升，老抽2毫升，食用油适量，葱丝、姜丝、彩椒丝各少许

做法 ①将处理干净的鲳鱼两面切十字花刀，再入六成热油锅炸至起皮，捞出控油。②锅留底油，倒入洗净的肉丝、姜丝爆香，放入洗净的竹笋丝、香菇丝炒匀，淋料酒提味。③注入适量清水，加盐、生抽、老抽，放入鲳鱼，盖上锅盖，焖10分钟至入味。④揭盖，倒入葱丝、彩椒丝拌匀，再盛出食材，装盘。⑤锅中放入鸡粉、水淀粉搅匀，至汤汁浓稠，盛出，浇在鱼身上即可。

葱香筋蹄焖海参

- **材料** 蹄筋、海参各200克，油菜150克

- **调料** 盐3克，鸡精2克，酱油、水淀粉、食用油各适量，葱50克

- **做法** ①将蹄筋、海参均洗净，切段；葱洗净，切段；油菜洗净，对半切开。②起油锅，放入蹄筋、海参翻炒片刻，加盐、鸡精、酱油调味，加入适量清水，盖上盖，焖烧至熟，揭盖，放入葱段略炒，用水淀粉勾芡出锅，盛出装盘。③将油菜入沸水中焯熟，摆盘即可。

凉粉焖海参

- **材料** 海参300克，凉粉200克，干红辣椒10克，香菜少许

- **调料** 盐3克，酱油、醋、红油、食用油各适量

- **做法** ①海参洗净，切条；凉粉洗净，切块；香菜、干红辣椒均洗净，切段，备用。②热锅下油烧热，入干红辣椒炒香，放入海参翻炒，加盐、酱油、醋、红油炒匀，注入适量清水，放入凉粉，盖上盖，焖至食材熟透、入味，开盖，盛出装盘。③最后放入香菜装饰即可。

香芋焖海参

- **材料** 海参300克，香芋200克，橙子1个，樱桃3个

- **调料** 盐3克，酱油、料酒、水淀粉、食用油各适量

- **做法** ①海参洗净，切块；香芋去皮，洗净，切块；橙子洗净，切片，摆盘；樱桃洗净，摆在橙子片上。②油锅烧热，放入海参翻炒片刻，再放入香芋同炒，加入盐、料酒、酱油炒匀，注入适量清水，盖上盖，焖至食材熟透。③待汤汁收干，开盖，倒入水淀粉勾芡，关火，盛盘即可。

腊八豆焖海参

材料 腊八豆50克，海参300克，西蓝花150克

调料 盐、鸡精各3克，酱油、红油、食用油各适量

做法 ①腊八豆洗净；海参洗净，切条；西蓝花洗净，掰成小朵，入沸水中焯熟后，捞出沥干摆盘。②热锅注油烧热，放入腊八豆稍微炸一下，再放入海参同炒，加入盐、鸡精、酱油、红油炒匀调味。③加入适量清水，盖上盖，焖至食材熟透、入味，揭盖，将食材盛在西蓝花中间即可。

大葱焖海参

材料 水发海参300克，大葱段100克

调料 白糖5克，料酒、酱油各10毫升，食用油适量

做法 ①将海参处理干净，切长条。②将海参入锅，加少许料酒和清水，以小火煨熟后捞出。③锅中加油烧热，下洗净的大葱段，炸成黄色后捞出，备用。④往锅中再加清水、料酒、白糖、酱油，大火烧开后，撇去浮沫，再下海参、葱段，盖上锅盖，小火焖至熟透。⑤揭盖，将食材摆盘即可。

石鸡焖甲鱼

材料 石鸡300克，甲鱼400克，香菜少许

调料 盐4克，鸡精2克，辣椒酱、红油、料酒、生抽、食用油各适量，蒜末、姜末各10克

做法 ①将石鸡、甲鱼均处理干净，切块；香菜洗净，备用。②锅置火上，加油烧热，放入蒜末、姜末炒香，放入石鸡、甲鱼翻炒，加入盐、鸡精、辣椒酱、红油、料酒、生抽炒匀。③注入适量清水，盖上盖，焖烧至熟，开盖，盛出装盘，用香菜点缀即可。

生焖甲鱼

(材 料) 甲鱼块500克，蒜苗20克，水发香菇50克，香菜10克

(调 料) 盐、鸡粉、白糖各2克，老抽1毫升，生抽4毫升，料酒7毫升，水淀粉、食用油各适量，姜片、蒜末、葱段、辣椒面各少许

(做 法) ①将蒜苗、香菜洗净，切段；香菇洗净，切块。②往锅中注水烧开，倒入洗净的甲鱼块，淋料酒煮1分钟，汆去血渍，捞出。③用油起锅，倒入姜片、蒜末、葱段爆香，放入香菇块、甲鱼块炒匀，加生抽、料酒提味，撒上辣椒面炒香。④注入清水，加盐、鸡粉、白糖、老抽炒匀，盖上锅盖稍焖，揭盖，倒入水淀粉炒匀，大火收汁后放入蒜苗炒断生，撒香菜即可。

冬笋焖平鱼

(材 料) 平鱼2条，香菇3朵，冬笋片50克

(调 料) 盐2克，白糖3克，酱油、醋、料酒、食用油各适量，干辣椒段、葱段、蒜瓣、姜片、八角各少许

(做 法) ①将平鱼处理干净；香菇洗净，切两半，备用。②将热锅注油烧热，放入平鱼略炸，捞出，沥干油，备用。③锅留底油，放入姜片、蒜瓣、八角、干辣椒段爆香，加入盐、酱油、料酒、白糖、醋，注入适量清水，大火烧开，再放入平鱼、香菇、冬笋片拌匀。④盖上盖，焖至食材熟透，揭开盖，撒上葱段即可。

咖喱土豆焖虾仁

材料 土豆260克，奶酪70克，虾仁50克

调料 咖喱粉15克，盐2克，鸡粉2克，料酒5毫升，水淀粉10毫升，食用油适量，胡椒粉少许，姜片、蒜片、葱花各少许

做法 ①将奶酪切成小块；土豆去皮，洗净，切厚片。②将虾仁洗净，加盐、胡椒粉、料酒、水淀粉，拌匀，再放食用油，拌匀，腌渍10分钟。③锅置火上，加油烧至三成热，倒入虾仁，滑油至转色，捞出，沥干油分。④锅留底油，放入姜片、蒜片、奶酪，略炒，加入咖喱粉，炒匀，倒入适量清水，放入土豆拌匀，放盐，加盖，用中火焖约10分钟。⑤揭盖，放虾仁、鸡粉，炒匀，放水淀粉勾芡，盛出装盘，撒葱花即可。

干焖大虾

材料 基围虾180克，洋葱丝50克

调料 料酒10毫升，番茄酱20克，白糖2克，盐、食用油各适量，姜片、蒜末、葱花各少许

做法 ①将基围虾洗净，去头须、虾脚，将腹部切开。②热锅注油，烧至六成热，放入基围虾，炸至深红色，捞出，沥干油，待用。③锅留底油，放入蒜末、姜片，加入洋葱丝，爆香，倒入炸好的基围虾，淋入料酒，加入少许清水，放入盐、白糖、番茄酱，炒匀调味。④加盖稍焖，揭盖，将炒好的食材盛出，装入盘中，撒上葱花即可。

油焖大明虾

材料 大明虾1只，萝卜干适量

调料 盐2克，味精、红油、料酒、食用油各适量

做法 ①将大明虾处理干净，用盐和料酒抓匀，腌渍至入味；萝卜干洗净，切丁，备用。②热锅下油烧热，放入大明虾，煎至变色，加入萝卜干和适量清水，盖上盖，稍焖煮片刻。③开盖，放入盐、味精、红油炒匀调味，关火，将食材盛出即可。

干焖东海火明虾

材料 火明虾250克，口蘑100克，豌豆100克

调料 辣椒油20毫升，辣椒酱20克，蚝油10克，盐6克，味精5克，食用油适量，葱30克

做法 ①将火明虾洗净，余水，捞起，沥干水分，去须，去尾，从背部中间切两刀，备用。②将豌豆洗净；口蘑洗净，切片；葱洗净，切段。③炒锅烧热加油，放辣椒油、辣椒酱炒香，加入火明虾、口蘑、豌豆煸炒，加蚝油、盐、味精炒匀。④注入适量清水，盖上锅盖，焖至收汁后揭盖，盛出装盘即可。

辣焖蟹

材料 螃蟹2只，干辣椒10克

调料 海鲜酱7克，盐、料酒、花椒油、辣椒油各5克，食用油适量，花椒、姜片各5克，葱段4克

做法 ①将螃蟹收拾干净，斩成块，再入油锅炸熟，捞出控油。②锅加油烧热，投入干辣椒、花椒炒香，下入姜片、葱段，放入螃蟹，加盐、料酒、海鲜酱炒匀。③注入适量清水，盖上锅盖，小火焖2分钟后揭盖，加花椒油、辣椒油炒匀即可。

蟹岛全家福焖烩

材料 牛肉丸80克，蟹柳、虾肉、西蓝花各50克，卤蛋2个

调料 水淀粉、酱油各10毫升，盐、味精各3克，食用油适量

做法 ①将蟹柳洗净，切小段；虾肉、牛肉丸洗净；西蓝花洗净，切小朵；卤蛋去壳，对半切开。②油锅烧热，下虾肉、蟹柳炒香，加牛肉丸、西蓝花、卤蛋炒匀，加入清水，盖上盖，焖煮3分钟至食材熟透。③开盖，下入水淀粉勾芡，加入盐、味精、酱油调味，关火，盛出装盘即可。

蟹柳焖香干

材料 蟹柳250克，香干200克，青椒、红椒各50克

调料 盐、鸡精各3克，生抽、料酒、水淀粉、食用油各适量

做法 ①将蟹柳洗净，切条；香干洗净，切条；青椒、红椒均洗净，切段。②炒锅加入适量食用油，烧至七成热，下入蟹柳翻炒片刻，再倒入香干和青椒、红椒同炒，再注入适量清水，加生抽、料酒，盖上盖，焖煮至食材入味。③开盖，加盐、鸡精炒匀调味，用水淀粉勾芡，起锅装盘即可。

蜀焖香辣蟹

材料 螃蟹500克，辣椒200克，香菜少许

调料 盐4克，酱油12毫升，醋5毫升，料酒10毫升，姜、食用油各适量，味精少许

做法 ①将螃蟹刷洗干净；香菜洗净，切段；姜洗净，切末。②锅中注油烧热，下姜末炒香，放入螃蟹、辣椒爆炒，注入适量清水焖煮。③再倒入酱油、醋、料酒煮至熟，加入盐、味精调味，撒上香菜即可。

农家焖辣蟹

（材料）螃蟹300克，青椒、红椒各20克，馒头100克

（调料）盐2克，胡椒粉、味精、食用油各适量，蒜蓉、姜末各少许

（做法）①将螃蟹洗净，斩成块；青椒、红椒洗净，切碎；馒头切片，入油锅炸至金黄。②油烧热，放入青椒、红椒、蒜蓉、姜末，大火爆香，再下蟹块翻炒。③注入适量开水，盖上盖，焖熟后再转大火收汁。④开盖，加入胡椒粉、盐、味精拌匀调味，关火，盛出即可。

渔翁嘴焖河蟹

（材料）螃蟹2只

（调料）盐、味精各3克，米酒、红油、食用油各适量

（做法）①将螃蟹处理干净，刷干净外壳和腿，备用。②热锅下油烧热，放入螃蟹稍炸，再倒入米酒。③注入适量清水，盖上盖，焖煮至螃蟹熟透。④开盖，加入盐、味精和红油，拌匀调味。⑤关火后，将食材盛出，装入盘中，再淋上锅中汤汁即可。

辣酒焖花螺

材料 花雕酒800毫升，花螺500克，干辣椒、青椒圈、红椒圈各5克

调料 鸡粉、胡椒粉各2克，蚝油3克，料酒4毫升，豆瓣酱10克，食用油适量，香料（花椒、香叶、草果、八角、沙姜）适量，姜片、葱段、蒜末各少许

做法 ①往锅中注入适量清水烧开，倒入洗净的花螺略煮，淋料酒汆去腥味，捞出，沥干水分，备用。②热锅注油，倒入姜片、蒜末、葱段爆香，再倒入香料，放入豆瓣酱炒香，放入青椒圈、红椒圈、干辣椒快速翻炒，倒入花雕酒、花螺翻匀，加鸡粉、蚝油、胡椒粉调味。③盖上锅盖，用大火焖20分钟至食材入味。④关火后揭开锅盖，拣出香料，盛出，装入碗中即可。

辣焖田螺

材料 田螺1000克，紫苏叶适量

调料 干辣椒、姜片、桂皮、花椒、八角、葱叶、盐、味精、白酒、蚝油、老抽、生抽、辣椒酱、食用油各适量，葱白25克

做法 ①将洗净的田螺去尾；紫苏叶洗净，切碎；田螺汆水2分钟，洗净。②往锅内注油烧热，放姜片、花椒、桂皮、八角、葱白煸香，再放辣椒酱炒匀。③倒入干辣椒翻炒片刻，倒入田螺，加白酒炒匀，倒入适量清水，盖上锅盖，焖煮2分钟。④揭盖，放紫苏叶、盐、味精、蚝油、老抽、生抽炒匀，撒葱叶拌匀即可。

田螺焖肉

（材料）五花肉300克，田螺肉120克，彩椒40克，姜片、蒜末、葱段各少许

（调料）白糖、盐、鸡粉各3克，生抽、老抽、料酒各5毫升，水淀粉、食用油各适量

（做法）①彩椒、五花肉洗净，切小块；田螺肉洗净，氽水捞出。②用油起锅，倒入五花肉炒至变色，加白糖、生抽、老抽、料酒炒香。③撒上姜片、蒜末炒香，注清水，倒入田螺肉炒匀，加盐、鸡粉调味，大火煮开后再小火焖15分钟。④倒入彩椒炒匀，撒上葱段，用水淀粉勾芡，盛出即可。

辣焖田螺

（材料）田螺肉300克

（调料）香辣酱30克，盐3克，料酒10毫升，食用油适量，葱花、姜末、蒜末各5克

（做法）①将田螺肉洗净，放入沸水中氽熟，捞出，沥干备用。②炒锅中加食用油，烧热后放入香辣酱煸炒，加入姜末、蒜末炒香。③放入田螺肉，用大火爆炒，烹入料酒，加盐调味。④往锅中注入适量清水，盖上锅盖，焖煮至熟，后揭盖，放入葱花炒匀即可。

辣焖牡蛎肉

（材料）牡蛎肉300克，泡椒段20克，蒜苗段15克，香菇10克，高汤15毫升

（调料）芝麻油15毫升，味精2克，鱼露5毫升，淀粉15克，料酒5毫升，食用油适量

（做法）①将牡蛎肉处理干净，氽水后捞出，再入油锅滑熟，捞出；香菇泡发，洗净，切块。②将芝麻油、味精、鱼露、淀粉、料酒调匀成芡汁。③锅加油烧热，下牡蛎肉、泡椒段、蒜苗段、香菇翻炒。④注入高汤，盖上锅盖稍焖后，揭盖，倒入芡汁，炒至收汁即可。

翡翠焖鲜鲍

材料 鲍鱼350克，西蓝花100克，高汤、糖水樱桃各适量

调料 盐3克，酱油、食用油各适量

做法 ①将鲍鱼洗净，切花刀；西蓝花洗净，掰成小朵，入沸水焯熟后捞出，沥干水分，摆在盘中间。②热锅注油烧热，放入鲍鱼略炒，注入高汤，加盐、酱油调味，盖上盖，焖至食材熟透，开盖，盛出装盘。③最后，用糖水樱桃装饰即可。

干焖鲜鲍仔

材料 鲍鱼1只，白萝卜、胡萝卜、豌豆、红椒、高汤各适量

调料 盐2克，酱油、胡椒粉各5克，料酒10毫升，食用油适量

做法 ①将鲍鱼刷洗干净，下沸水中余烫，加入料酒去腥，捞起沥干水分，备用；白萝卜、胡萝卜、豌豆、红椒均洗净，切丁。②油锅烧热，下白萝卜、胡萝卜、豌豆、红椒炒至断生，调入盐、酱油、胡椒粉炒匀。③往锅中倒入高汤，放入鲍鱼，盖上盖，焖至食材入味，煮至汤汁收浓即可。

南非焖干鲍

材料 干鲍鱼1只，西蓝花、香菇各适量

调料 鲍汁适量

做法 ①将干鲍鱼泡发，洗净；西蓝花洗净，切小朵；香菇洗净。②净锅上火，倒入鲍汁，放入干鲍鱼、西蓝花、香菇，盖上锅盖，焖至熟后，揭盖，捞出。③将食材摆盘，淋上锅中的鲍汁即可。

🍲 鲍鱼焖干贝

（材料）鲍鱼300克，干贝50克，橙子1个

（调料）盐2克，料酒10毫升，鸡精3克，食用油适量

（做法）①将鲍鱼处理干净，加入料酒和盐抓匀，腌渍入味；干贝泡发，洗净，沥干水分，备用；橙子洗净，取肉，切成薄片。②油锅烧热，下鲍鱼和干贝同炒3分钟，加入少许清水，盖上盖，焖煮片刻。③开盖，加入盐、鸡精调味，关火，盛出食材，摆入盘中，用橙片围边即可。

🍲 油菜虾仁焖干贝

（材料）油菜200克，虾仁、干贝各100克，木耳50克

（调料）盐3克，红油、味精、醋、食用油各适量，姜片、蒜片各少许

（做法）①将油菜、虾仁均洗净；干贝、木耳泡发，洗净。②将油菜放入沸水中焯水，沥干后摆盘；起油锅，入木耳、姜片、蒜片翻炒片刻，再倒入虾仁、干贝，加入红油、醋和适量开水，盖上盖，焖至食材熟。③大火收汁，开盖，调入盐、味精即可。

🍲 墨鱼焖五花肉

（材料）墨鱼150克，五花肉300克，土豆100克

（调料）酱油3毫升，白糖3克，料酒、食用油各适量，花椒、八角、桂皮、青椒各少许

（做法）①将墨鱼洗净，切片；五花肉洗净，切块后余水去除血污；土豆去皮，洗净，切块；青椒洗净，切块。②油锅烧热，加入白糖至变成焦茶色起泡时，倒入五花肉快速翻炒上色。③加入料酒、酱油，放入花椒、八角、桂皮，下墨鱼、土豆、水，盖上盖，用小火焖15分钟，待汤汁收浓即可。

🍲 干锅焖墨鱼仔

（材料）墨鱼仔400克，青椒、红椒各50克，洋葱少许

（调料）盐2克，味精1克，白糖5克，东北大酱、料酒、食用油各适量

（做法）①将墨鱼仔洗净，下沸水中焯熟；青椒、红椒洗净，切块；洋葱洗净，切片。②油锅烧热，放入东北大酱炒香，加盐、味精、白糖，烹入料酒煮沸。③放入墨鱼仔、青椒、红椒、洋葱，盖上盖，焖至食材入味，待汤汁收浓，开盖盛出即可。

🍲 双鲜焖墨鱼仔

（材料）墨鱼200克，猪肉块100克，泡椒段30克

（调料）生抽、料酒各5毫升，盐、鸡精各3克，食用油适量，姜丝3克

（做法）①将墨鱼处理干净，切块，加料酒、生抽拌匀，腌渍片刻。②将猪肉块入油锅滑熟，下姜丝、泡椒段爆香，加墨鱼煸炒匀，烹入料酒稍炒。③注入适量清水，盖上锅盖稍焖后揭盖，加盐、鸡精调味，盛出装盘即可。

🍲 日式焖鱿鱼

（材料）鱿鱼500克，西蓝花200克，熟芝麻少许

（调料）酱油10毫升，盐3克，水淀粉20毫升，食用油适量

（做法）①将鱿鱼去内脏，洗净，切段，用酱油腌渍10分钟；西蓝花洗净，切成小朵。②油锅烧热，入鱿鱼爆香，加入盐，注入适量清水，盖上盖，焖煮至食材熟透，开盖，加入水淀粉勾芡，盛出。③净锅上火，加入清水煮沸，放入西蓝花焯熟，捞出摆盘，撒上熟芝麻即可。

辣焖鱿鱼

（材料）鱿鱼200克，红椒丝20克

（调料）辣椒酱、海鲜酱各10克，盐2克，食用油适量，姜片、蒜片、葱丝各5克

（做法）①将鱿鱼处理干净，横切成圈状，氽水后捞出。②往锅中加油烧热，入姜片、蒜片爆香，放入辣椒酱炒香，加鱿鱼圈翻炒，再加红椒丝炒匀。③注入适量清水，加盖稍焖，揭盖，加海鲜酱、盐炒匀调味，盛出装盘，撒上葱丝即可。

铁板焖八爪鱼

（材料）八爪鱼300克，青椒、红椒各适量

（调料）盐3克，料酒、醋、水淀粉、食用油、蒜各适量

（做法）①将八爪鱼去内脏，洗净，加料酒腌渍片刻；红椒、青椒均洗净，切片；蒜去皮，洗净，切小块。②油锅烧热，入蒜炒香，下八爪鱼翻炒，放入青椒、红椒，注入清水，盖上盖，焖至汤汁收浓。③开盖，加入盐、醋调味，以水淀粉勾芡，起锅装盘即可。

焖烧河鳗

（材料）鳗鱼500克，高汤适量

（调料）盐3克，蒜200克，酱油、料酒各5毫升，食用油适量

（做法）①将鳗鱼去鳞及内脏，洗净，切块，用料酒拌匀，腌渍至入味；蒜去皮，洗净，备用。②油锅烧热，入鳗鱼翻炒至色变白，放入蒜。③调入高汤，盖上锅盖，小火焖煮至收汁，加盐、酱油炒匀调味，大火煮至汤汁收浓即可。

汁焖鳗鱼

（材料）鳗鱼400克，圣女果1颗，高汤适量

（调料）盐3克，料酒、酱油各4毫升，食用油、水淀粉、葱花各适量

（做法）①将鳗鱼去鳞及内脏，洗净，切块，用料酒、酱油拌匀，腌渍至入味；圣女果洗净。②油锅烧热，放入鳗鱼，煎至两面熟软，调入盐，倒入高汤，淋入水淀粉，焖至汤汁收浓，起锅。③开盖，放入葱花、圣女果炒匀即可。

宫廷黄焖翅

（材料）鱼翅100克，高汤400毫升

（调料）盐、味精各2克，蟹油8克，食用油适量，姜、葱各少许

（做法）①将鱼翅泡至回软；姜去皮，切片；葱洗净，取葱白切段。②往锅中倒入高汤烧开，加入盐、味精、油、蟹油拌匀，下鱼翅、姜片、葱白，盖上盖，焖至食材熟透。③开盖，拣出姜片、葱白即可盛盘，最后浇上高汤即可。

葱油焖海肠

（材料）海肠300克，泡椒50克，青椒、红椒各少许

（调料）盐3克，酱油5毫升，葱油、老抽各10克，食用油、葱各适量

（做法）①将海肠洗净，放入沸水中余一下，捞起沥干；青椒、红椒洗净，去籽，切丝；葱洗净，取葱白切丝。②油锅烧热，放入泡椒炒香，加适量清水烧开，下海肠、盐、酱油、老抽，盖上盖，焖至食材入味。③开盖，出锅装盘，淋上葱油，撒上青椒、红椒和葱丝即可。

猪肉焖菜

黄花菜枸杞焖猪腰

（材料）水发黄花菜150克，猪腰200克，枸杞10克

（调料）料酒8毫升，生抽4毫升，盐2克，鸡粉2克，水淀粉5毫升，食用油适量，姜片、葱花各少许

（做法）①将黄花菜洗净，去蒂，焯水；猪腰处理干净，切麦穗花刀，氽水。②用油起锅，放入姜片爆香，倒入猪腰略炒，淋料酒炒香，加生抽炒匀，放入黄花菜续炒。③注入适量清水，盖上锅盖稍焖，加盐、鸡粉、水淀粉，炒匀调味。④放入洗净的枸杞炒匀即可。

秘制红焖肉

（材料）五花肉600克

（调料）盐2克，冰糖、老抽、生抽、食用油、蒜、葱、八角、香叶各适量

（做法）①将五花肉洗净，切大块；蒜去皮，洗净，切片；葱洗净，切成葱花。②锅烧热，放入五花肉翻炒，炒至出油后注入适量清水，加入蒜片，放八角、香叶、老抽、生抽、冰糖拌匀，盖上盖，焖至食材熟透。③开盖，调入盐，待水干后转小火收汁，最后撒上葱花即可。

锅仔酸菜焖白肉

材料 猪肉500克，酸菜400克，红椒、香菜各适量

调料 盐、味精各适量

做法 ①将猪肉洗净，切片，备用；酸菜洗净，切丁，备用；红椒洗净，切丝，备用；香菜洗净，切段，备用。②往锅中注入适量清水，大火烧开，放入酸菜、猪肉，盖上盖，焖煮至熟。③开盖，加入盐、味精拌匀调味，放入红椒和香菜，炒匀即可。

干豆角焖肉

材料 五花肉250克，干豆角120克

调料 盐2克，鸡粉2克，白糖4克，老抽2毫升，黄豆酱10克，料酒10毫升，水淀粉4毫升，食用油适量，八角3克，桂皮3克，干辣椒2克，姜片、蒜末、葱段各适量

做法 ①将干豆角洗净，切段，入沸水中煮半分钟后捞出。②将五花肉洗净，切片，入油锅炒出油脂，再入白糖炒溶，倒入八角、桂皮、干辣椒、姜片、葱段、蒜末爆香，淋老抽、料酒，炒匀提味。③倒入黄豆酱、干豆角，再注水煮沸，加入盐、鸡粉，翻炒，盖上锅盖，焖约20分钟，煮至食材熟软。④揭盖，倒入水淀粉快速翻炒，装入盘中即可。

白菜红椒焖肉

• 材料 猪肉300克，白菜心100克，红椒丝20克，肉汤适量

• 调料 水淀粉、黄酒各10毫升，味精2克，盐3克，食用油适量

• 做法 ①将白菜心、猪肉均洗净，切丝，备用。②热锅注油，烧到八成热时改小火保温。③另起油锅将肉丝炒匀，放肉汤、黄酒后略煮，放白菜条烧开，加入热油，加盖，焖到白菜熟，转大火。④开盖，放入红椒丝，加盐、味精、黄酒调味，用水淀粉勾芡即可。

瘦肉焖扁豆

• 材料 扁豆300克，猪瘦肉100克

• 调料 花椒油5毫升，盐2克，水淀粉10毫升，酱油、食用油各适量，葱末、姜末、蒜末各少许

• 做法 ①将扁豆洗净，切片，焯水；猪瘦肉洗净，切片。②热锅注油烧热，放入肉片炒至断生，加入葱末、姜末、蒜末、酱油、盐，炒至肉上色时放入扁豆翻炒。③加入少许清水，盖上盖，略焖片刻。④开盖，用水淀粉勾一层薄芡，淋入花椒油即可。

焖肉豆扣

• 材料 五花肉300克，豆腐皮150克

• 调料 盐2克，酱油10毫升，白糖5克，食用油适量

• 做法 ①将五花肉洗净，切块；豆腐皮洗净，切条，打结。②往锅内注油烧热，放入五花肉爆香，加入酱油和白糖翻炒入味。③加入少量清水和盐，盖上盖，用大火焖15分钟。④开盖，放入豆皮结，盖上盖，用中火炖10分钟即可。

姜葱焖五花肉

- **材料** 五花肉300克，姜块、葱段各适量

- **调料** 料酒、酱油、白糖各适量

- **做法** ①将五花肉洗净，切正方形，备用。②锅中铺上葱段和姜块，把五花肉皮朝下，整齐码放在上面，加入酱油、料酒、白糖，盖上盖，大火煮沸后改小火，焖至肉熟。③开盖，撇去浮油，再将肉皮面朝上，盖上盖子，续焖40分钟，至五花肉熟软、入味即可。

蟹粉焖狮子头

- **材料** 五花肉300克

- **调料** 蟹粉100克，盐3克，胡椒粉、鸡精5克，绍酒10毫升，粟粉各适量，上汤、香叶各适量，姜末、葱白末各少许

- **做法** ①五花肉洗净，切细粒，加葱末、姜末、胡椒粉、盐、蟹粉、绍酒、上汤，然后拌匀打劲，加粟粉拌匀。②往锅中注入适量清水煮沸，加入盐、香叶，将碎肉搓成团放入锅中，盖上盖，转用小火焖3小时，至汤汁收浓。③揭盖，调入鸡精拌匀调味即可。

小土豆焖排骨

- **材料** 小土豆400克，排骨300克

- **调料** 盐6克，味精3克，冰糖10克，老抽4毫升，食用油适量

- **做法** ①小土豆洗净，去皮；排骨洗净，切段。②热锅下油，放入冰糖，待其溶化后放入排骨翻炒，加入小土豆和适量水焖煮。③待水干后，加入盐、老抽和味精调味，炒匀即可。

玉米笋焖排骨

（材料）排骨段270克，玉米笋200克，胡萝卜块180克

（调料）盐3克，鸡粉2克，蚝油7克，生抽5毫升，料酒6毫升，水淀粉、食用油各适量，姜片、葱段、蒜末各少许

（做法）①将玉米笋洗净，切段。②往锅中加水烧开，放入玉米笋、胡萝卜煮约1分钟至断生，捞出，再倒入洗净的排骨段，大火煮约1分钟，去除血渍，捞出，待用。③用油起锅，放入姜片、蒜末、葱段爆香，倒入排骨段炒干，淋料酒提味，加盐、鸡粉、蚝油、生抽炒香，倒入玉米笋、胡萝卜炒匀，注入适量清水。④盖上盖，烧开后用小火焖煮约15分钟，至食材熟透。⑤揭盖，转大火收汁，倒入水淀粉勾芡即可。

排骨酱焖藕

（材料）排骨段350克，莲藕200克，红椒片、青椒片、洋葱片各30克

（调料）盐2克，鸡粉2克，老抽3毫升，生抽3毫升，料酒4毫升，水淀粉4毫升，食用油适量，姜片、八角、桂皮各少许

（做法）①将莲藕洗净，去皮，切丁。②往锅中注入清水烧开，倒入排骨段，大火煮沸，汆去血水，捞出，沥干水分。③用油起锅，放入八角、桂皮、姜片爆香，倒入排骨段炒匀，淋入料酒、生抽炒香，加适量清水，放入莲藕，加盐、老抽，大火煮沸。④盖上锅盖，用小火焖35分钟，揭盖，加青椒片、红椒片、洋葱片炒匀，放鸡粉，大火收汁后用水淀粉勾芡即可。

黑蒜焖排骨

(材料) 黑蒜70克，排骨500克，彩椒65克

(调料) 盐、白糖各2克，鸡粉3克，料酒5毫升，水淀粉、芝麻油、食用油各适量，蒜末、姜片各少许

(做法) ①将彩椒洗净，切块；排骨洗净，切块。②往锅中注入适量清水烧开，倒入排骨块，汆煮片刻，捞出，沥干水分，装盘待用。③用油起锅，倒入姜片、蒜末，爆香，放入彩椒块、排骨块炒匀，淋料酒，倒入黑蒜，炒匀。④注入适量清水，加入盐、白糖、鸡粉、水淀粉，炒匀，淋入芝麻油，翻炒约3分钟至熟。⑤加盖，焖煮至食材熟透，盛出，装入盘中即可。

海带冬瓜焖排骨

(材料) 排骨400克，海带80克，冬瓜180克

(调料) 料酒8毫升，生抽4毫升，白糖3克，水淀粉2毫升，芝麻油2毫升，盐、食用油各适量，八角、花椒、姜片、蒜末、葱段各少许

(做法) ①冬瓜洗净，去皮，切块；海带洗净，切块；排骨洗净，汆水。②用油起锅，放入八角、姜片、蒜末、葱段爆香，倒入排骨炒匀，放入花椒炒香，淋料酒提味，加生抽炒匀。③倒入适量清水煮沸，盖上盖，用小火焖15分钟。④揭盖，倒入冬瓜、海带，再盖上盖，小火焖10分钟至熟透。⑤揭盖，加盐、白糖，炒匀调味，转大火收汁，倒入水淀粉勾芡，淋芝麻油炒匀，续炒至入味，盛出锅中的食材，装入碗中即可。

酸甜西红柿焖排骨

（材料）排骨段350克，西红柿120克

（调料）生抽4毫升，盐2克，鸡粉2克，料酒、番茄酱、红糖、水淀粉、食用油各适量，蒜末、葱花各少许

（做法）①往锅中注水烧开，放入洗净的西红柿，煮至表皮裂开，捞出，去皮，切成小块，备用。②另起锅，注入适量清水烧开，倒入洗净的排骨段拌匀，余去血水，撇去浮沫，捞出，待用。③用油起锅，倒入蒜末爆香，放入排骨段炒干，淋料酒、生抽炒香，注水，加盐、鸡粉、红糖，拌匀调味。④放入西红柿、番茄酱炒匀，盖上盖，用小火焖煮约4分钟至熟。⑤揭盖，转大火收汁，倒入水淀粉勾芡，盛出，撒葱花即可。

豆瓣焖排骨

（材料）排骨段300克，芽菜100克，红椒20克

（调料）豆瓣酱20克，料酒3毫升，生抽3毫升，鸡粉2克，盐2克，老抽2毫升，水淀粉、食用油各适量，姜片、葱段、蒜末各少许

（做法）①红椒洗净，切圈；排骨段洗净，余水，备用。②用油起锅，放入姜片、蒜末，爆香，入豆瓣酱炒香。③再入芽菜和排骨段，炒匀，加料酒、生抽、鸡粉、盐、老抽，注入适量清水，盖上锅盖，用小火焖熟。④揭盖，放入红椒圈、葱段，淋水淀粉勾芡，炒匀即可。

黄豆花生焖猪皮

（**材料**）水发黄豆120克，水发花生米90克，猪皮150克

（**调料**）料酒4毫升，老抽2毫升，盐2克，鸡粉2克，水淀粉7毫升，食用油适量，姜片、葱段各少许

（**做法**）①将处理好的猪皮切斜块。②往锅中注水烧开，倒入猪皮，淋料酒，余去腥味，捞出待用。③用油起锅，放入姜片、葱段爆香，放入猪皮炒匀，淋料酒、老抽炒匀，注水，放入黄豆、花生米，加盐拌匀，盖上盖，烧开后用小火焖至食材熟透。④揭盖，撇去浮沫，转大火收汁，加入鸡粉调味，用水淀粉勾芡即可。

茭白焖猪蹄

（**材料**）猪蹄块320克，茭白120克

（**调料**）盐、鸡粉各2克，料酒15毫升，老抽4毫升，生抽5毫升，水淀粉、食用油各适量，姜片、葱段各少许

（**做法**）①将茭白洗净，切滚刀块。②往锅中加水烧开，倒入洗净的猪蹄块拌匀，淋入少许料酒，余去血水，捞出，沥干水分，待用。③用油起锅，倒入姜片爆香，倒入猪蹄炒匀，淋料酒，注入少许清水。④盖上盖，烧开后用小火焖约45分钟，揭盖，加入老抽、料酒、生抽、盐拌匀。⑤再盖上盖，用小火焖约20分钟，揭开盖，倒入茭白、葱段拌匀，小火焖约20分钟。⑥加鸡粉，搅匀，用水淀粉勾芡即可。

腐乳花生焖猪蹄

(材料) 猪蹄半只，花生30克，腐乳3块

(调料) 海鲜酱15克，白糖20克，盐3克，食用油15毫升，酱油、白酒各10毫升，葱段2段，姜2片，蒜2片

(做法) ①将洗净、剁块的猪蹄放入沸水中，焯约3分钟后捞出，沥干水分。②将腐乳倒入碗中，加入海鲜酱、白酒拌匀，即成腐乳酱。③往锅中加油烧热，放入葱段、姜、蒜爆香，放入猪蹄，倒入白糖，翻炒1分钟，待糖溶化，调入腐乳酱续炒。④倒入酱油、盐调味，加水没过猪蹄，转大火，加盖，煮至烧开，放入花生。⑤加盖，焖煮1小时即可。

红枣花生焖猪蹄

(材料) 红枣5克，西蓝花280克，猪蹄块550克，花生90克，姜片、八角、桂皮各少许

(调料) 料酒10毫升，盐4克，生抽6毫升，鸡粉2克，水淀粉4毫升，食用油适量

(做法) ①将西蓝花洗净，切小朵。②锅中注水烧开，加入盐、食用油，倒入西蓝花，余煮至断生，捞出，再将猪蹄块倒入余去血水，捞出，沥干水分。③热锅注油烧热，倒入八角、桂皮、姜片爆香，倒入猪蹄块炒匀，淋料酒、生抽，注入适量清水，倒入花生、红枣炒匀，加入盐，搅拌调味，盖上锅盖，大火烧开后，转小火焖1小时至熟透。④将西蓝花整齐地摆盘。⑤掀开锅盖，加入鸡粉炒匀，倒入水淀粉勾芡，快速翻炒收汁即可。

🍲 可乐焖猪蹄

（材料）可乐250毫升，猪蹄400克，红椒15克

（调料）盐3克，鸡粉2克，白糖2克，料酒15毫升，生抽4毫升，水淀粉、芝麻油、食用油各适量，葱段、姜片各少许

（做法）①红椒洗净，去籽，切片。②往锅中加水烧开，入洗净的猪蹄，淋料酒，氽去血水，捞出，沥干装盘。③热锅注油，放入姜片、葱段炒香，入猪蹄、生抽、料酒炒匀，入可乐、盐、白糖、鸡粉炒匀。④盖上盖，用小火焖20分钟至材料熟软，揭开盖，夹出葱段、姜片，倒入红椒片炒匀。⑤淋入水淀粉、芝麻油，炒出香味。⑥关火，把菜肴盛入盘中，淋上汤汁即可。

🍲 黄豆焖猪蹄

（材料）猪蹄块400克，水发黄豆230克

（调料）盐、鸡粉各2克，生抽6毫升，老抽3毫升，料酒、水淀粉、食用油各适量，八角、桂皮、香叶、姜片各少许

（做法）①往锅中注入适量清水烧开，倒入洗净的猪蹄块拌匀，加料酒拌匀，氽去血水，捞出，沥干水分，待用。②用油起锅，放入姜片爆香，倒入猪蹄块炒匀，加老抽炒匀上色，放入八角、桂皮、香叶炒香。③注入适量清水没过食材，盖上盖，用中火焖约20分钟。④揭开盖，倒入洗净的黄豆，加盐、鸡粉、生抽，再盖上盖，小火煮约40分钟至食材熟透。⑤揭开盖，拣出桂皮、八角、香叶、姜片，倒入水淀粉，用大火收汁，搅拌均匀即可。

香菇焖猪蹄

（材料）猪蹄块280克，油菜100克，鲜香菇60克，姜片、蒜末、葱段各少许

（调料）盐、白糖各3克，豆瓣酱、生抽、料酒、白醋、老抽、水淀粉、食用油各适量

（做法）①将洗净的香菇去蒂切块；洗好的油菜对半切开。②往锅内注水烧开，加食用油、油菜煮熟，加入猪蹄块、料酒、白醋煮沸捞出。③油锅烧热，放姜、蒜、葱爆香，入猪蹄炒片刻。④放料酒、豆瓣酱、生抽、水、香菇、盐、白糖、老抽炒匀，盖上盖，用小火焖25分钟。⑤开盖，加水淀粉勾芡，盛菜装盘即可。

大碗焖猪蹄

（材料）猪蹄300克，青椒、红椒各30克

（调料）盐3克，酱油、料酒、红油、食用油各适量，葱、蒜各10克

（做法）①猪蹄洗净，剁成块，氽水备用；青椒、红椒去蒂洗净，切圈；葱洗净，切花；蒜去皮，掰成蒜瓣洗净。②热锅下油，入蒜炒香后，放入猪蹄炒至八成熟，加入青椒、红椒略炒。③烹入料酒，加入酱油、红油焖至上色，收汁时调入盐，撒上葱花即可。

焖猪肘子

（材料）猪肘400克，豌豆30克，干辣椒5克

（调料）盐3克，老抽20毫升，料酒25毫升，红油30毫升，食用油适量

（做法）①猪肘洗净，氽水；干辣椒洗净，切段。②起油锅，加干辣椒爆炒，放入猪肘翻炒，再放入豌豆、盐、老抽、料酒、红油翻炒。③注入适量清水，盖上盖，焖30分钟，至汤汁收浓，起锅装盘即可。

黄豆焖猪尾

（材料）猪尾350克，黄豆150克，青椒、红椒各适量

（调料）酱油、料酒各10毫升，蒜、盐、味精、食用油、葱花各适量

（做法）①将猪尾洗净，斩段，入沸水中氽至断生，捞出沥干；黄豆洗净，泡发；青椒、红椒分别洗净，切圈；蒜去皮，拍松。②往锅中注油烧热，下蒜爆香，加入猪尾，调入酱油和料酒同炒至变色，加入黄豆、青椒和红椒，稍炒后加入清水，盖上盖，焖至猪尾熟烂。③揭盖，加盐和味精调味，撒上葱花即可。

草头焖猪大肠

（材料）草头400克，猪大肠1根

（调料）老抽50毫升，白糖50克，绍酒、白酒各20毫升，盐2克，水淀粉、食用油各适量，蒜末少许

（做法）①将猪大肠破开洗净，入沸水氽熟，切成段，卷成圆柱形；草头洗净备用。②热锅注油烧热，放蒜末爆香，倒入草头炒熟后盛出装盘。③锅中注水烧开，放入大肠卷，加入绍酒、白酒、老抽、盐、白糖拌匀，盖上盖，焖约30分钟，开盖，加水淀粉勾芡。④将焖好的大肠卷放于草头上即可。

焖串腰片

（材料）猪腰600克，香菜200克，熟芝麻适量

（调料）盐、味精各3克，五香粉、食用油各适量

（做法）①将猪腰洗净，切片，用牙签串好；香菜洗净，切段，装盘备用。②热锅注油烧热，放入猪腰翻炒，注入适量清水，盖上盖，稍焖煮片刻。③揭盖，放入盐、味精、五香粉稍炒，捞出盖在香菜上，撒上熟芝麻即可。

豆腐焖肥肠

（**材料**）豆腐块200克，熟肥肠180克，红椒片少许

（**调料**）盐、鸡粉、胡椒粉各2克，生抽、料酒各4毫升，老抽10毫升，水淀粉、食用油、蒜片、葱段各适量

（**做法**）①将熟肥肠切小段。②用油起锅，倒入肥肠炒匀，加生抽、料酒、老抽炒匀，倒入蒜片、葱段炒香，注入适量清水，放入洗净的豆腐块，加入料酒、盐。③盖上盖，烧开后用小火焖约30分钟，揭盖，放入红椒片翻匀，转大火收汁，加鸡粉拌匀，撒胡椒粉，倒入水淀粉勾芡，翻炒均匀即可。

土豆南瓜焖猪肠

（**材料**）猪肠200克，土豆260克，南瓜120克

（**调料**）盐、白糖各2克，生抽、老抽各2毫升，料酒少许，食用油适量，姜片、葱段各少许

（**做法**）①往锅中注入清水烧开，倒入洗净的猪肠，淋料酒，盖上盖，中火煮30分钟，捞出沥干，放凉，切小段；南瓜、土豆均洗净，取肉，切滚刀块。②用油起锅，倒入姜片、葱段爆香，放入猪肠炒匀，淋料酒、老抽。③注入适量清水，大火煮沸，盖上盖，中火焖10分钟。④揭盖，加盐、白糖、生抽拌匀，放入土豆、南瓜，再盖上盖，小火续煮20分钟至熟透。⑤揭盖，用大火收汁，关火后盛出煮好的菜肴即可。

牛肉焖菜

罐焖牛肉

（材料）牛肉块150克，土豆球180克，胡萝卜块70克，口蘑块40克，洋葱块30克，红枣10克，蒜苗段20克，芹菜段20克

（调料）盐、鸡粉各3克，水淀粉5毫升，料酒5毫升，番茄汁15毫升，食用油适量，香叶、姜末、蒜末、葱段各少许

（做法）①将牛肉余水。②砂锅加水烧开，放牛肉，加盐、鸡粉、料酒，放入香叶、姜末，焖煮40分钟。③放入土豆、红枣、口蘑、洋葱、胡萝卜块，焖至食材熟透。④夹去香叶，放入芹菜、蒜苗、蒜末，淋入番茄汁，倒入水淀粉勾芡，放入葱段炒匀即可。

西红柿焖牛肉

（材料）西红柿100克，牛肉200克

（调料）盐2克，料酒、味精各适量，姜末、葱段各少许

（做法）①将西红柿洗净，切块；牛肉洗净，切薄片。②将牛肉放入锅内，加入适量清水，以大火烧开，撇去浮沫，烹入料酒，盖上盖，烧开后转小火焖煮。③待牛肉将熟时，揭盖，放入西红柿，焖熟后加入盐、味精调味，撒葱段、姜末，略煮片刻即可。

葱韭焖牛肉

材料 牛腱肉300克，南瓜块220克，韭菜70克，小米椒圈15克，泡椒20克

调料 鸡粉2克，盐3克，豆瓣酱12克，料酒4毫升，生抽3毫升，老抽2毫升，五香粉适量，水淀粉、冰糖、食用油各适量，姜片、葱段、蒜末各少许

做法 ①锅中加水烧开，加老抽、鸡粉、盐，放入洗净的牛腱肉，撒五香粉拌匀，煮至牛腱肉熟软，取出切小块。②将泡椒洗净，切碎；韭菜洗净，切段。③油锅入蒜末、姜片、葱段爆香，倒入小米椒、泡椒炒香，放入牛肉块，加料酒、豆瓣酱、生抽、老抽、盐，放入南瓜块炒匀。④加冰糖，注水，加鸡粉拌匀，盖上盖，小火煮至入味。⑤揭盖，加韭菜段炒匀，水淀粉勾芡即可。

糖醋焖牛肉

材料 牛肉300克，高汤适量

调料 盐3克，酱油、白糖、醋、淀粉、食用油各适量

做法 ①牛肉洗净，切丁，用淀粉拌匀。②将牛肉入油锅炸至呈金黄色，捞出沥干油，备用。③另起锅，注油烧热，放盐、醋、白糖、酱油略烧，放入高汤，放入牛肉炒匀。④盖好盖子，小火焖2小时即可。

🍲 黄焖牛肉

(材料) 牛肉180克，竹笋100克

(调料) 黄豆酱15克，盐1克，白糖、酱油、食用油各适量，八角少许

(做法) ①牛肉洗净，入水氽至变色，捞出，凉凉，切成小块，将汤撇去浮沫，备用；竹笋泡发，洗净，切丝。②热锅入油，加入八角爆香，加入牛肉、竹笋翻炒，入黄豆酱、牛肉汤、白糖，盖上锅盖，焖煮15分钟。③揭盖，加盐、酱油调味，改大火收汁，起锅装盘即可。

🍲 农家焖大片牛肉

(材料) 牛腱肉300克，土豆粉条50克，白芝麻5克，干辣椒10克，鸡汤适量

(调料) 盐3克，豉油9毫升，食用油适量

(做法) ①将牛腱肉洗净，煮熟，切大片；土豆粉条泡发，备用。②锅上火烧热，下入盐、豉油，放入牛肉片翻炒，倒入鸡汤，盖上盖，焖煮1小时，开盖放入土豆粉条，煮至粉条熟后，揭盖，盛入碗中，备用。③热锅注油烧热，放入白芝麻、干辣椒炸香，撒在牛腱肉上即可。

麻辣牛肉焖豆腐

材料 牛肉100克，豆腐块350克，红椒粒300克

调料 盐4克，鸡粉2克，辣椒面20克，花椒粉10克，豆瓣酱10克，老抽5毫升，料酒5毫升，水淀粉8毫升，食用油适量，姜片、葱花各少许

做法 ①将牛肉洗净，剁末；豆腐加盐焯水。②油锅入姜片爆香，加入牛肉末、红椒粒、料酒、辣椒面、花椒粉。③倒入豆瓣酱、老抽，加水，倒入豆腐，加盐、鸡粉，加盖焖煮至熟。④揭盖，倒水淀粉勾芡，撒上葱花即可。

板筋焖牛肉

材料 牛肉300克，板栗100克

调料 盐、味精各2克，酱油、料酒、白糖、水淀粉、胡椒粉、食用油各适量，葱、姜、蒜各少许

做法 ①将牛肉洗净，切块，焯水去腥；板栗洗净，去壳，切块；葱、姜、蒜洗净，切碎。②锅内注油烧热，入葱、姜、蒜爆香，加入清水，入酱油、料酒、盐、味精、白糖、胡椒粉，入牛肉、板栗，盖上盖，大火焖煮片刻。③开盖，淋水淀粉勾芡，出锅摆盘即可。

金沙焖仔排

材料 牛排300克，熟芝麻15克

调料 料酒3毫升，白糖、味精、盐各2克，五香粉、老抽、食用油各适量

做法 ①牛排洗净，入沸水氽熟，捞出凉凉，切块。②锅中注油烧热，倒入白糖炒至溶化，倒入牛排翻炒至变色，放入料酒、盐、老抽，注入适量清水，盖上盖，焖至收汁。③开盖，放入味精和五香粉拌匀调味，起锅撒上熟芝麻即可。

红枣焖牛肉

（材料）牛肉300克，红枣50克，高汤适量

（调料）盐、酱油、水淀粉各适量，八角、桂皮、花椒各少许

（做法）①将牛肉洗净，切块；红枣洗净，去核。②锅置火上，注入适量高汤，放入红枣、八角、桂皮、花椒，再倒入牛肉块，加盐炒匀，盖上盖，焖煮3小时。③待牛肉熟烂后，开盖，加酱油，用水淀粉勾芡即可。

干锅焖牛杂

（材料）牛腩、牛肚、牛肠各150克，蒜苗段15克，上汤适量

（调料）蒜片、姜片各10克，干辣椒5克，盐5克，鸡精2克，豆瓣酱、卤汁、食用油各适量

（做法）①锅置火上，倒入卤汁，放入洗净的牛腩、牛肚、牛肠卤熟，凉凉后切块。②锅中注油烧热，放入蒜片、干辣椒、姜片、豆瓣酱炒香。③放入卤好的牛杂，加上汤，调入盐、鸡精，盖上盖，焖至入味。④揭盖，撒上蒜苗段，将食材盛出，装入干锅里即可。

马桥香干焖牛腩

（材料）牛腩600克，香干150克，红椒、蒜梗各50克

（调料）盐、白糖各3克，酱油、食用油各适量

（做法）①将牛腩洗净，切块，氽水，捞出；香干切块；红椒、蒜梗均洗净，切条。②油锅烧热，入白糖炒成糖色，倒入适量清水，加入酱油，大火烧开，放入牛腩，盖上盖，焖至九成熟。③开盖，加入红椒、香干和大蒜梗炒香，加盐调味，焖煮片刻，最后盛出装碗即可。

茄子焖牛腩

（材料）茄子200克，红椒丁、青椒丁各35克，熟牛腩150克

（调料）豆瓣酱7克，盐3克，鸡粉2克，老抽2毫升，料酒4毫升，生抽6毫升，水淀粉、食用油各适量，姜片、蒜末、葱段各少许

（做法）①将茄子洗净，去皮，切丁；熟牛腩切小块。②热锅注油，烧至五成热，放入茄子丁炸约1分钟，捞出沥干油，待用。③用油起锅，放入姜片、蒜末、葱段爆香，倒入牛腩炒匀，淋料酒炒香，加入豆瓣酱、生抽、老抽，注入适量清水，放入茄子、红椒、青椒。④加盐、鸡粉炒匀，加盖，用中火焖煮3分钟，至食材入味。⑤揭盖，转大火收浓汁，倒入水淀粉勾芡即可。

酱焖牛腩

（材料）熟牛腩240克，土豆块130克，去皮胡萝卜块120克，洋葱块90克

（调料）盐2克，生抽5毫升，黄豆酱10克，鸡粉2克，水淀粉4毫升，食用油适量，茴香10克，八角、桂皮、姜片、蒜瓣各适量

（做法）①锅中加油烧热，加入蒜瓣、姜片、茴香、八角、桂皮爆香，倒入土豆、胡萝卜，淋入生抽炒匀。②倒入黄豆酱翻炒，倒入熟牛腩，注水，加盐调味。③盖上盖，煮开转小火焖20分钟至熟软，开盖，加入鸡粉、洋葱炒匀，淋入水淀粉勾芡即可。

羊肉 焖 菜

葱香焖羊肉

（材料）羊肋条肉300克，葱段10克

（调料）料酒20毫升，白糖、盐各3克，食用油、姜片各适量

（做法）①将羊肋条肉洗净，切块，入锅，加水、葱段、姜片，煮1分钟捞出。②炒锅上火，加油烧热，放入葱段、姜片煸炒出香味，再将羊肉放入煸炒，加料酒、白糖、盐调味。③加入适量清水，盖上盖，焖煮至羊肉熟烂。④揭盖，盛出焖好的食材即可。

红焖羊肉

（材料）白萝卜块60克，胡萝卜块40克，羊肉300克，蒜瓣、葱段、姜片、香叶、桂皮、八角、草果、沙姜各适量

（调料）鸡粉、盐各3克，老抽、生抽、料酒各5毫升，水淀粉6毫升，食用油适量

（做法）①将羊肉洗净，切小块。②用油起锅，倒入葱段、蒜瓣、姜片爆香，放入羊肉炒至转色，淋料酒、生抽，加入香叶、桂皮、八角、草果、沙姜翻炒。③加清水、老抽、盐，盖上盖，小火焖至入味。④开盖，倒入胡萝卜、白萝卜炒匀，续煮20分钟至熟，拣出香料，加鸡粉、水淀粉收汁即可。

包菜焖羊肉

材料 羊肉200克,包菜200克,面粉适量

调料 盐3克,胡椒粉、柠檬汁各适量

做法 ①将羊肉洗净,切块;包菜洗净,去根,切片。②将部分羊肉块放在锅底,铺一层包菜,再放余下的羊肉,撒上面粉,调入盐、柠檬汁、胡椒粉。③注入适量清水,大火煮沸,盖上盖,用中火焖至熟。④开盖,盛出装盘,浇上原汁即可。

罗宋羊肉焖

材料 羊肉200克,胡萝卜50克,西红柿20克,洋葱10克

调料 酱油、味精、水淀粉、食用油各适量

做法 ①羊肉洗净,切块,氽水;胡萝卜洗净,切块,焯水;西红柿洗净,去皮,切块;洋葱去皮,洗净,切条。②炒锅注油烧热,加入西红柿炒匀,倒入酱油,注入适量清水,放入羊肉块、胡萝卜炒匀。③盖上盖,焖煮1小时后开盖,再加洋葱炒软,调入味精,翻炒至汤汁收浓,用水淀粉勾芡即可。

印度咖喱焖羊肉

材料 羊肉600克,洋葱、西红柿各1个,薄荷叶2片,奶酪20克

调料 黄姜粉5克,咖喱粉20克,食用油适量,蒜蓉、姜末各10克

做法 ①将羊肉、西红柿均洗净,切粒;洋葱洗净,切条。②往锅内注油烧热,爆香蒜蓉、姜末、洋葱,下咖喱粉及黄姜粉炒香,加羊肉,小火炒几分钟,再下奶酪、西红柿碎。③注入适量清水,盖上锅盖,焖约1小时,直至羊肉熟烂,撒上薄荷叶即可。

青椒焖羊肉

· 材 料 羊肉400克，青椒50克

· 调 料 盐3克，味精1克，酱油10毫升，食用油适量，胡椒粉少许

· 做 法 ①将羊肉洗净，切片；青椒洗净，切片。②往锅中注油烧热，放入羊肉翻炒至变色，再加入青椒炒匀。③注入少许清水，焖煮至汤汁收干时，加入盐、味精、酱油、胡椒粉调味，起锅装盘即可。

兰州焖羊羔肉

· 材 料 羊羔肉500克，空心粉条50克，青椒块、红椒块各少许

· 调 料 孜然、食用油、盐、鸡精各适量，姜片、葱段、蒜片、花椒、香叶、丁香、桂皮、高汤各适量

· 做 法 ①将羊羔肉洗净，切条。②往锅中注油烧热，放羊羔肉、姜片、葱段、高汤、花椒、香叶、丁香、桂皮、孜然、盐炒匀。③焖煮至熟，加入空心粉条、青椒块、红椒块、蒜片、鸡精炒熟即可。

胡萝卜焖羊肉

· 材 料 羊肉块200克，胡萝卜块100克

· 调 料 姜片、橙皮、料酒、盐、酱油、食用油各适量

· 做 法 ①将胡萝卜块洗净，入油锅炒10分钟，盛起。②锅留底油，爆香姜片，倒入羊肉块翻炒5分钟，加料酒炒香，再加盐、酱油，注入适量清水，加盖，焖10分钟，盛入砂锅内。③放入胡萝卜块、橙皮、水，大火烧开，加料酒，改小火炖至羊肉块熟烂，盛盘即可。

兔肉焖菜

红焖兔肉

（材料）兔肉块350克，香菜段15克

（调料）柱侯酱10克，花生酱12克，老抽2毫升，生抽6毫升，料酒4毫升，鸡粉2克，食用油适量，姜片、八角、葱段、花椒各少许

（做法）①用油起锅，倒入洗净的兔肉块炒变色，放入姜片、八角、葱段、花椒炒香，加柱侯酱、花生酱炒匀，淋老抽、生抽、料酒炒香。②注入适量清水，盖上盖，中小火焖1小时至熟。③揭盖，加鸡粉，大火收汁，拣出八角、姜片、葱段，炒煮至变软，盛出装盘，撒香菜即可。

红枣板栗焖兔肉

（材料）兔肉块230克，板栗肉80克，红枣15克

（调料）料酒7毫升，盐、鸡粉、胡椒粉各2克，芝麻油3毫升，水淀粉10毫升，食用油适量，姜片、葱条各少许

（做法）①往锅中注水烧开，倒入洗净的兔肉块，汆去血水，淋料酒，放入姜片、葱条略煮，捞出。②用油起锅，放入兔肉块炒匀，倒入姜片、葱条爆香，淋料酒，注水，倒入红枣、板栗肉，盖上盖，烧开后用小火焖40分钟。③揭盖，加盐拌匀，盖上盖，用中小火焖15分钟。④揭盖，加入鸡粉、胡椒粉、芝麻油，大火收汁，用水淀粉勾芡即可。

鸡肉焖菜

🍲 茄汁豇豆焖鸡丁

材料 鸡胸肉270克，豆角段180克，西红柿50克

调料 盐、鸡粉、白糖、番茄酱、水淀粉、食用油各适量，蒜末、葱段各少许

做法 ①西红柿洗净，切丁。②将鸡胸肉洗净，切丁，加入盐、鸡粉、水淀粉拌匀上浆，注入食用油，腌渍入味。③往锅中注水烧开，加食用油、盐，倒入豆角焯煮至断生，捞出，备用。④用油起锅，倒入鸡肉丁炒变色，放入蒜末、葱段，倒入豆角炒匀，放入西红柿丁炒软，加番茄酱、白糖、盐调味。⑤加盖稍焖，揭盖，倒水淀粉勾芡即可。

🍲 草菇焖鸡

材料 草菇150克，鸡肉300克，鸡汤适量

调料 料酒3毫升，盐、鸡精、食用油各适量，生姜片、葱白各少许

做法 ①草菇用清水浸泡，洗净，去掉底部污垢，切开；鸡肉洗净，切成小块。②砂锅上火，注入鸡汤，用大火烧沸，下入鸡肉、草菇、生姜片，淋入料酒，盖上盖，烧开后转小火焖至肉烂。③揭开盖，淋热油煮沸，加盐、鸡精调味，撒上葱白即可。

黄焖鸡

（材料）鸡肉块350克，水发香菇160克，水发木耳90克，水发笋干110克，啤酒600毫升

（调料）盐3克，鸡粉2克，蚝油6克，料酒4毫升，生抽5毫升，水淀粉、食用油各适量，干辣椒、姜片、蒜片、葱段各少许

（做法）①将笋干洗净，切段。②用油起锅，放入姜片、蒜片、葱段爆香，倒入鸡肉块炒至断生，淋料酒炒香，放入洗净的香菇，倒入笋干、干辣椒炝出辣味，倒入啤酒，加入盐、生抽、蚝油，拌匀调味。③加盖，烧开后用小火焖至鸡肉入味。④揭盖，倒入木耳炒匀，盖上盖，用中小火焖至食材熟透。⑤揭盖，加入鸡粉炒匀，用水淀粉勾芡，炒至汤汁收浓即可。

椒麻焖鸡

（材料）鸡腿150克

（调料）盐2克，鸡粉2克，辣椒油10毫升，花椒油5毫升，料酒2毫升，生抽4毫升，生粉、水淀粉、食用油各适量，花椒、八角、桂皮、香叶、干辣椒各适量，姜片、葱段、蒜末各少许

（做法）①鸡腿洗净，斩块，加盐、鸡粉、生抽、料酒、生粉拌匀腌渍入味，入油锅炸熟。②锅留底油烧热，倒入姜片、葱段、蒜末炒香，入八角、桂皮、香叶、花椒、干辣椒炒匀。③放入鸡块炒匀，加料酒、生抽、盐、鸡粉、辣椒油、花椒油和水，拌匀，盖上锅盖，焖煮至熟。④揭盖，倒入水淀粉勾芡，盛出装盘即可。

🍲 土豆焖鸡块

材料 鸡块400克，土豆200克

调料 盐2克，鸡粉2克，料酒10毫升，生抽10毫升，蚝油12克，水淀粉5毫升，食用油适量，八角、花椒、姜片、蒜末、葱段各少许

做法 ①将土豆洗净，去皮，切小块。②往锅中加水烧开，放入洗净的鸡块，氽去血水，捞出沥干。③用油起锅，入葱段、蒜末、姜片、八角、花椒、鸡块炒匀，加入料酒、生抽、蚝油，倒入土豆块炒匀，加盐、鸡粉，倒入适量清水。④盖上锅盖，用小火焖15分钟，至材料熟透。⑤揭开锅盖，用大火收汁，淋入水淀粉勾芡，炒匀即可。

🍲 天麻焖鸡块

材料 天麻15克，水发香菇70克，鸡块400克，鸡汤300毫升

调料 盐3克，鸡粉3克，料酒16毫升，老抽2毫升，水淀粉5毫升，生抽5毫升，食用油适量，姜片、葱段各少许

做法 ①将香菇洗净，切小块；鸡块处理干净，加盐、鸡粉、料酒拌匀，腌渍10分钟至入味。②往锅中加水烧开，倒入鸡块，氽去血水，捞出，沥干水分，待用。③用油起锅，放入姜片、葱段爆香，倒入鸡块，淋料酒炒香，加入香菇块炒匀，加生抽、盐、鸡粉调味，加入洗净的天麻，倒入鸡汤，拌匀。④盖上盖，用小火焖4分钟，煮至沸，揭盖，用大火收汁，淋入老抽炒匀。⑤倒入水淀粉勾芡快速翻炒匀即可。

铁板焖土鸡

材料 土鸡500克，干辣椒、香菜各适量

调料 盐2克，味精、老抽、醋、水淀粉、食用油各适量

做法 ①将土鸡肉洗净，切块；干辣椒洗净，切段；香菜洗净，切段。②热锅注油烧热，放入土鸡、干辣椒稍炒，注入适量清水，加入盐、老抽、醋炒匀，盖上盖，焖至食材熟透。③揭盖，加入味精调味，放入水淀粉勾芡，装入铁板，撒上香菜即可。

石锅焖仔鸡

材料 土鸡500克，洋葱、香菜段各适量

调料 盐、味精各5克，蚝油、番茄酱、食用油各适量

做法 ①将土鸡宰杀去毛及内脏，洗净，切成小块；洋葱洗净，切丝。②热锅注油烧热，放洋葱爆香，下入鸡块炒至变色，注入适量清水，盖上盖，焖煮片刻。③揭盖，加入盐、味精、蚝油调味，加入番茄酱炒匀，撒上香菜段即可。

花雕浸焖白鸡

材料 鸡肉500克，橘皮、金针菇各适量

调料 花雕酒、白酒各300毫升，盐3克，姜适量

做法 ①将鸡肉洗净，切块；姜洗净，切块；橘皮洗净，切片；金针菇洗净，切段。②将鸡肉、姜、橘皮、金针菇放入锅中，加入花雕酒、白酒、盐。③大火烧开后改小火，盖上锅盖，焖煮至熟即可。

板栗油焖鸡

（材料）土鸡350克，板栗200克，青椒、红椒50克

（调料）盐、味精各5克，蚝油10克，食用油适量，蒜、葱花各10克

（做法）①将土鸡收拾干净，切成小块；板栗洗净，煮熟，去壳；青椒、红椒洗净，切片；蒜洗净，去皮。②热锅下油，放入青椒、红椒、蒜爆香，下入鸡块炒至变色，放入板栗，注入适量清水，盖上盖，稍焖。③揭盖，加盐、味精、蚝油调味，撒上葱花即可。

泡椒焖三黄鸡

（材料）三黄鸡300克，灯笼泡椒20克，莴笋100克，姜片、蒜末、葱白各少许

（调料）盐6克，鸡粉4克，味精1克，生抽5毫升，生粉、料酒、食用油、水淀粉各适量

（做法）①莴笋洗净，切块；鸡肉洗净，斩块，加鸡粉、盐、生抽、料酒、生粉拌匀腌渍，再入油锅滑至转色，捞出。②锅留底油，入姜片、蒜末、葱白爆香，入莴笋、灯笼泡椒、鸡块，淋料酒炒匀。③加水、盐、味精、生抽、鸡粉炒匀，盖上锅盖，小火焖熟。④揭盖，加入水淀粉勾芡，大火收汁即可。

黄焖鸡杂钵

（材料）鸡杂400克，红椒50克

（调料）盐3克，红油、料酒、醋、食用油各适量，姜、蒜各5克，葱10克

（做法）①将鸡杂收拾干净，切块；红椒去蒂，洗净，切小段；葱洗净，切花；姜、蒜均去皮，洗净，切末。②净锅下油烧热，入红椒、姜、蒜爆香，放入鸡杂翻炒片刻，加盐、红油、料酒、醋调味。③加适量清水，盖上锅盖，焖煮至熟。④揭盖，将食材盛入钵内，撒上葱花即可。

🍲 土豆焖鸡脆骨

（材料）鸡脆骨400克，土豆200克

（调料）盐、鸡粉各2克，料酒、生抽各10毫升，蚝油12克，水淀粉5毫升，食用油适量，八角、花椒、姜片、蒜末、葱段各少许

（做法）①将土豆洗净，去皮，切小块；往锅中加水烧开，放入洗净的鸡脆骨，煮沸，氽去血水，捞出沥干。②用油起锅，入葱段、蒜末、姜片、八角、花椒、鸡脆骨炒匀，淋入料酒、生抽、蚝油后加入土豆块，翻炒均匀。③加入盐、鸡粉，倒入适量清水，盖上锅盖，用小火焖熟。④揭盖，用大火收汁，淋入水淀粉炒匀，装盘即可。

🍲 梅子焖鸡翅

（材料）鸡翅5个，紫苏梅7颗，枸杞10克，九层塔适量

（调料）米酒8毫升，酱油6毫升，冰糖5克，食用油适量，葱花3克，姜片5克

（做法）①将鸡翅洗净，备用。②热锅注油烧热，放入葱花、姜片爆香，加入鸡翅，炒至金黄色。③加入紫苏梅、米酒、酱油，倒入冰糖。④注入适量清水，盖上盖，焖煮至收汁。⑤揭盖，加入洗净的枸杞、九层塔炒熟后盛出，装入碗中即可。

苦瓜焖鸡翅

• 材料 苦瓜200克，鸡中翅200克

• 调料 盐3克，鸡粉3克，料酒、生抽、食粉、老抽、水淀粉、食用油各适量，姜片、蒜末、葱段各少许

• 做法 ①将苦瓜洗净，去籽，切段；鸡中翅洗净，斩小块，加生抽、盐、鸡粉、料酒抓匀，腌渍10分钟至入味。②往锅中注水烧开，放入食粉，倒入苦瓜，煮2分钟至断生，捞出待用。③用油起锅，放入姜片、蒜末、葱段爆香，倒入鸡中翅炒匀，淋料酒炒香，加盐、鸡粉调味。④倒入适量清水，盖上盖，用小火焖5分钟，至鸡翅熟软。⑤揭盖，放入苦瓜拌匀，盖上盖，焖3分钟，至食材熟透。⑥揭盖，淋入老抽，拌匀上色，用大火收汁，倒入水淀粉勾芡即可。

黄豆焖鸡翅

• 材料 水发黄豆200克，鸡翅220克

• 调料 盐、鸡粉各3克，生抽2毫升，料酒6毫升，水淀粉、老抽、食用油各适量，姜片、蒜末、葱段各少许

• 做法 ①将鸡翅洗净，斩块，加盐、鸡粉、生抽、料酒、水淀粉抓匀，腌渍15分钟至入味。②用油起锅，放入姜片、蒜末、葱段爆香，倒入鸡翅炒匀，淋料酒炒香，加盐、鸡粉调味，倒入适量清水，放入洗净的黄豆炒匀，放入老抽，炒匀上色。③盖上盖，用小火焖20分钟至食材熟透。④揭盖，用大火收汁，倒入水淀粉勾芡即可。

鸭肉焖菜

山药酱焖鸭

材料 鸭肉块400克，山药块250克

调料 黄豆酱20克，盐、鸡粉各2克，黄酒70毫升，水淀粉、食用油、生抽各适量，白糖少许，姜片、葱段、桂皮、八角各少许

做法 ①将鸭肉块洗净，入沸水中余去血渍后捞出。②油锅入八角、桂皮、姜片爆香，放鸭肉块炒匀，倒入黄豆酱、生抽、黄酒，注水煮沸，调入盐。③盖上盖，小火焖至食材熟软，揭盖，倒入洗净的山药块炒匀，盖上盖，小火续煮10分钟。④揭盖，大火收汁，加鸡粉、白糖，撒葱段炒香，用水淀粉勾芡即可。

啤酒焖鸭

材料 鸭肉块800克，啤酒550毫升

调料 盐4克，味精、老抽、豆瓣酱、辣椒酱、蚝油、食用油各适量，生姜、草果、干辣椒、桂皮、花椒、八角各适量，葱段少许

做法 ①将草果洗净，拍破；生姜去皮，洗净，切片；往锅中注水，入洗净的鸭肉块、桂皮、花椒、八角余煮3分钟，捞出。②起油锅，爆香葱段、生姜、桂皮、草果，加豆瓣酱、辣椒酱炒匀，倒入干辣椒。③放入余好的鸭肉块炒匀，倒入啤酒，加盐、味精拌匀。④倒入老抽、蚝油，盖上锅盖，小火焖煮20分钟至肉熟烂即可。

🍲 泡椒焖鸭肉

（材料）鸭肉200克，灯笼泡椒60克，泡小米椒40克

（调料）豆瓣酱10克，盐3克，鸡粉2克，生抽10毫升，料酒5毫升，水淀粉、食用油各适量，姜片、蒜末、葱段各少许

（做法）①将灯笼泡椒洗净，切块；泡小米椒洗净，切段；鸭肉洗净，切块，加生抽、盐、鸡粉、料酒、水淀粉腌渍10分钟，再入沸水锅中煮1分钟后捞出。②用油起锅，放入鸭肉块，炒匀，加蒜末、姜片、料酒、生抽炒匀。③加泡小米椒、灯笼泡椒、豆瓣酱、鸡粉炒匀调味，注水，盖上锅盖，用中火焖煮3分钟。④揭盖，淋水淀粉勾芡，盛出，撒上葱段即可。

🍲 酸豆角焖鸭肉

（材料）鸭肉500克，酸豆角180克，朝天椒40克

（调料）盐3克，鸡粉3克，白糖4克，料酒10毫升，生抽5毫升，水淀粉5毫升，豆瓣酱10克，食用油适量，姜片、蒜末、葱段各少许

（做法）①将处理好的酸豆角切段，入锅煮半分钟，捞出；朝天椒洗净，切圈；鸭肉洗净，氽水，捞出。②用油起锅，入葱段、姜片、蒜末、朝天椒爆香，入鸭肉翻炒，加入料酒、豆瓣酱、生抽炒匀。③加水，入酸豆角，加白糖、盐、鸡粉炒匀，加盖焖20分钟。④揭开盖，淋入水淀粉勾芡，翻炒均匀，撒葱段即可。

黄焖一品鸭

材料 鸭肉350克,青椒、红椒各适量

调料 盐、味精各4克,料酒、红油各10克,食用油适量,葱15克

做法 ①将鸭肉处理干净,切成块,入沸水余烫;青椒、红椒洗净,切块;葱洗净,切花。②热锅下油,下鸭肉炒香,加青椒、红椒炒匀,注入适量清水,加盖焖煮至食材熟透。③揭盖,加入盐、味精、料酒、红油拌匀调味,翻炒均匀,撒上葱花即可。

辣椒豆豉焖鸭块

材料 鸭肉400克,青椒20克,红椒15克,豆豉20克

调料 盐、鸡粉各2克,生抽5毫升,豆瓣酱10克,老抽2毫升,水淀粉4毫升,料酒、食用油各适量,姜片、蒜末、葱白各少许

做法 ①将洗净的鸭肉斩成小块;洗净的青椒、红椒,去籽,切成小块。②往锅中加入适量清水烧开,放入鸭块,煮约2分钟,捞出备用。③用油起锅,倒入豆豉、姜片、蒜末、葱白,炒香,把鸭块倒入锅中炒匀,加入生抽、豆瓣酱、料酒,翻炒匀,加盐、鸡粉,淋入清水炒匀调味,加盖,小火焖15分钟。④揭开盖,放入青椒、红椒炒匀,大火收汁,加入老抽,炒匀,淋入水淀粉勾芡,盛出装盘即可。

🍲 陈皮焖鸭心

（材料）鸭心20克，米酒100克，陈皮5克

（调料）料酒10毫升，盐2克，鸡粉2克，蚝油3克，水淀粉4毫升，食用油适量，花椒、干辣椒、姜片、葱段各少许

（做法）①往锅中加水烧开，倒入洗好的鸭心略煮，淋料酒，余去血水，捞出。②热锅注油，倒入姜片、葱段爆香，放入鸭心，淋料酒翻炒，放入花椒、干辣椒炒香，倒入陈皮、米酒炒匀，倒入清水煮沸，加盐、蚝油炒匀。③盖上锅盖，转小火焖15分钟至其熟软，揭盖，加鸡粉，倒入水淀粉勾芡，盛出装盘即可。

🍲 香芋焖腊鸭

（材料）芋头300克，腊鸭400克，椰汁50毫升，红椒块少许

（调料）白糖3克，料酒、食用油、葱段、姜片、蒜末各适量

（做法）①热锅注油，烧至三成热，倒入洗净切好的芋头，炸约1分钟至其呈微黄色，捞出，备用。②往锅中加水，倒入腊鸭，加入白糖、料酒，煮约3分钟，捞出，装盘备用。③用油起锅，倒入姜片、葱段、蒜末爆香，放入腊鸭，淋料酒，倒入适量清水、椰汁，放入芋头，加入白糖，炒匀。④盖上盖，用小火焖20分钟至食材熟透。⑤揭盖，放入红椒块，煮约1分钟至食材入味即可。

腊鸭腿焖土豆

材料 腊鸭腿200克，土豆150克

调料 白糖4克，料酒、食用油各适量，花椒50克，葱花、蒜末各少许

做法 ①将洗净去皮的土豆切滚刀块。②往锅中注入适量清水烧开，倒入洗净的腊鸭腿，淋入料酒，略煮片刻，将汆煮好的腊鸭肉装入盘中，备用。③用油起锅，倒入花椒、蒜末，爆香，放入汆过水的腊鸭肉，炒匀，注入适量清水，炒匀，倒入土豆，加入白糖、料酒，炒匀，盖上盖，用小火焖30分钟至食材熟透。④揭盖，放入葱花，关火后将焖好的菜肴装盘即可。

笋干焖腊鸭

材料 腊鸭肉360克，水发笋干230克，香菜段15克，水发木耳60克

调料 盐2克，鸡粉2克，生抽3毫升，料酒4毫升，食用油适量，姜片少许

做法 ①将水发过的笋干洗净，切条，改切块。②用油起锅，放入姜片爆香，倒入洗净的腊鸭肉炒香，加入笋干炒匀，放生抽、料酒，加适量清水。③放入洗净的木耳，加盐，盖上盖子，中火焖5分钟。④揭盖，放鸡粉、香菜段，炒匀，将菜肴盛出装盘即可。

🥘 腊鸭焖藕

材料 腊鸭300克，去皮莲藕150克

调料 盐2克，胡椒粉3克，料酒、水淀粉、食用油各适量，姜片少许

做法 ①将莲藕洗净，切滚刀块。②往锅中注入适量清水烧开，倒入洗净的腊鸭，淋入料酒，氽煮片刻，捞出，装入盘中备用。③用油起锅，放入姜片爆香，放入腊鸭，淋入料酒炒匀，注入适量清水。④加盖，小火焖15分钟至熟，后揭盖，倒入莲藕炒匀。⑤再加盖，小火焖30分钟至食材熟透，揭盖，加盐、胡椒粉，倒入水淀粉勾芡即可。

🥘 腊鸭焖土豆

材料 腊鸭块360克，土豆300克，红椒、青椒各35克，洋葱50克

调料 盐2克，鸡粉2克，生抽3毫升，老抽2毫升，料酒3毫升，食用油适量，姜片、蒜片各少许

做法 ①将土豆洗净，去皮，切成小块；洋葱洗净，切片；青椒、红椒均洗净，切片。②用油起锅，放入腊鸭肉略炒，放入姜片、蒜片炒香，放生抽、料酒炒匀，加适量清水，放入土豆、老抽、盐。③盖上盖子，中火焖15分钟。④揭盖，放入洋葱、青椒、红椒炒匀，加鸡粉调味。⑤关火，将菜肴盛出装碗即可。

魔芋焖鸭

材料 鸭肉、魔芋各400克

调料 盐4克，味精2克，白糖、水淀粉、酱油、生抽、柱侯酱、食用油、料酒各适量，姜片30克，葱段15克，干辣椒段、蒜末、花椒各适量

做法 ①将鸭肉洗净，斩块，氽水；魔芋洗净，切块，焯水。②将蒜末、姜片、葱段、干辣椒段、花椒、鸭肉入油锅炒香，加料酒、酱油、生抽、盐、味精、白糖、柱侯酱、水，盖上锅盖，焖熟。③揭盖，入魔芋煮至收汁，加水淀粉勾芡即可。

雪魔芋焖鸭

材料 鸭肉350克，雪魔芋150克，香菜少许

调料 盐3克，酱油、料酒各10毫升，食用油适量

做法 ①将鸭肉洗净，斩件，加盐、酱油、料酒拌匀，腌渍至入味；雪魔芋洗净，泡发，切块；香菜洗净，切碎。②油锅烧热，倒入鸭件爆炒至上色，再加入适量清水烧开。③放入雪魔芋，盖上盖，焖至食材熟透，开盖，加入盐、酱油调味，大火收汁，撒上香菜即可。

糊子酒焖仔鸭

材料 鸭肉300克，茄子100克，青椒、红椒各50克

调料 盐2克，酱油5毫升，老抽10毫升，糊子酒、食用油各适量

做法 ①将鸭肉洗净，切成小块；茄子去皮，洗净，切丁；青椒、红椒洗净，切圈。②油锅烧热，下鸭肉炒至七成熟，放入茄子、青椒、红椒同炒。③调入盐、酱油、老抽，烹入糊子酒，盖上盖，焖至汁水收干，揭开盖，盛出，装入盘中即可。

馋嘴焖鸭掌

（材料）鸭掌500克，西芹段100克

（调料）盐4克，味精2克，陈醋5毫升，生抽3毫升，料酒、豆瓣酱、辣椒油、食用油、水淀粉各适量，辣椒酱少许，干辣椒5克，花椒3克，姜片、蒜末、葱段各少许

（做法）①将鸭掌洗净，余水，捞出。②油锅烧热入姜片、蒜末、葱段、干辣椒、花椒爆香，入鸭掌、料酒、豆瓣酱、陈醋、辣椒酱炒匀。③调入盐、味精、生抽，加盖焖2分钟，揭盖，淋辣椒油，加西芹块炒熟，淋水淀粉勾芡即可。

油焖鸭舌

（材料）鸭舌100克，西芹180克，青椒、红椒各50克

（调料）生抽、芝麻油各10毫升，盐2克，食用油适量

（做法）①将鸭舌刮洗干净，余水；西芹洗净，切段；青椒、红椒洗净，切片。②热锅下油烧热，下鸭舌爆炒，加西芹、青椒、红椒炒香，放入适量水，加盖稍焖煮。③开盖，放入盐、生抽、芝麻油调味，翻炒均匀即可。

酸菜焖鸭血

（材料）泡酸菜50克，鸭血500克，红椒20克

（调料）盐、料酒、花椒粉、味精、葱各适量

（做法）①将鸭血冲洗干净，切四方小块；葱洗净，切长段；红椒洗净，切小段。②往锅中注水烧开，倒入鸭血块、泡酸菜，大火烧开，盖上盖，小火焖煮5分钟。③开盖，调入花椒粉、料酒、盐、味精，加入葱段，煮至入味，即可出锅。

鹅肉焖菜

🍲 农家焖鹅

材料 鹅肉500克，香菜适量

调料 盐、味精各4克，料酒、老抽各10毫升，蚝油10克，食用油适量

做法 ①将鹅肉洗净，切成块，入沸水中氽一下；香菜洗净，切段，备用。②热锅下油烧热，下鹅肉炒香，注入适量清水，盖上盖，焖煮至熟。③开盖，加入盐、味精、料酒、蚝油炒匀调味，加入老抽，撒上香菜即可。

🍲 黄焖仔鹅

材料 鹅肉600克，嫩姜120克

调料 盐3克，鸡粉3克，黄酒、水淀粉、食用油各适量，生抽、老抽、姜片、蒜末、葱段各少许，红椒块20克

做法 ①将嫩姜洗净，切片。②往锅中注水烧开，放入嫩姜，煮1分钟，捞出。③将鹅肉洗净，倒入沸水锅中，氽去血水，捞出，待用。④用油起锅，放入蒜末、姜片爆香，倒入鹅肉炒匀，加生抽、盐、鸡粉、黄酒调味，倒入适量清水，放入老抽，炒匀。⑤盖上盖，用小火焖5分钟，揭盖，放入红椒块，倒入水淀粉勾芡，放入葱段即可。

🍲 鹅肉焖冬瓜

（材料）鹅肉400克，冬瓜300克

（调料）盐、鸡粉各2克，水淀粉、料酒、生抽各10毫升，食用油适量，姜片、蒜末、葱段各少许

（做法）①将冬瓜洗净，去皮，切小块；鹅肉洗净，入沸水中汆去血水，捞出。②用油起锅，放入姜片、蒜末爆香，倒入鹅肉炒匀，淋料酒、生抽提味，加盐、鸡粉。③注入适量清水，煮沸，盖上盖，小火焖20分钟至食材熟软。④揭盖，放入冬瓜块搅匀，再盖上盖，用小火焖10分钟至食材软烂。⑤揭盖，转大火收汁，倒入水淀粉勾芡。⑥关火后盛出炒好的菜肴，装入盘中即可。

🍲 莴笋焖鹅

（材料）鹅肉500克，莴笋200克，蒜苗段、红椒丝各少许

（调料）盐3克，味精1克，料酒、生抽、水淀粉、食用油、姜片、蒜末、干辣椒各适量

（做法）①将去皮洗净的莴笋切滚刀块；洗净的鹅肉斩块。②起油锅，倒入切好的鹅肉，翻炒至变色，加料酒、生抽炒匀，倒入蒜末、姜片和洗好的干辣椒，倒入适量清水。③加入盐、味精，炒匀调味，加盖焖5分钟至鹅肉熟透，揭开锅盖，倒入莴笋，加上盖，焖煮约3分钟至熟。④大火收汁，倒入洗净的蒜苗段、红椒丝炒匀，加水淀粉勾芡，翻炒匀至入味，出锅装盘即可。

素焖菜

油焖双椒

(材料) 青辣椒、红辣椒各150克

(调料) 盐2克,芝麻油5毫升,食用油适量,姜5克

(做法) ①将青辣椒、红辣椒均洗净,用盐水腌制3天;姜洗净,切末。②取出腌好的辣椒,用凉开水冲洗干净,沥干水分。③锅置火上,注入适量食用油烧热,放入青辣椒、红辣椒,注入少许清水,盖上盖焖熟。④揭盖,调入姜末、盐、芝麻油拌匀即可。

红酒焖洋葱

(材料) 洋葱200克,红酒120毫升

(调料) 白糖3克,水淀粉4毫升,食用油适量,盐少许

(做法) ①将洋葱洗净,切丝,备用。②往锅中注入适量食用油烧热,放入切好的洋葱,略炒片刻。③倒入红酒,翻炒均匀,加入白糖、盐,炒匀调味。④加盖稍焖,揭盖,淋入水淀粉勾芡,快速翻炒匀。⑤将炒好的食材盛出,装入盘中即可。

腐竹焖菠菜

(材料) 菠菜85克，虾米10克，腐竹50克

(调料) 盐、鸡粉各2克，生抽3毫升，食用油适量，姜片、葱段各少许

(做法) ①将洗净的菠菜切成段。②热锅注油烧热，倒入腐竹炸至金黄色，捞出备用。③锅留底油烧热，倒姜片、葱段爆香，放入虾米、腐竹炒香，加入清水，加盐、鸡粉调味，煮至入味，淋生抽上色。④盖上锅盖，焖煮至熟透，再揭盖，放入菠菜煮至熟软。⑤关火后盛出炒好的食材即可。

西红柿焖花菜

(材料) 西红柿100克，花菜140克

(调料) 盐4克，鸡粉2克，番茄酱10克，水淀粉5毫升，食用油适量，葱段少许

(做法) ①将花菜洗净，切成小块；西红柿洗净，去皮，切块。②往锅中加水烧开，加入少许盐、食用油，倒入花菜煮1分钟，至其八成熟，捞出，沥干水分。③用油起锅，倒入西红柿翻炒片刻，放入花菜炒匀，倒入适量清水，加盐、鸡粉、番茄酱炒匀，盖上锅盖，焖煮1分钟，至食材入味。④揭盖，用大火收汁，倒入水淀粉勾芡，放入葱段快速炒匀，盛出装盘即可。

茄汁焖花菜

（材料）花菜250克，圣女果25克

（调料）盐3克，白糖6克，番茄酱20克，水淀粉、食用油各适量，蒜末、葱花各少许

（做法）①将花菜洗净，切小朵；圣女果洗净，切块。②将盐、食用油、花菜倒入沸水中，煮至断生后捞出。③用油起锅，倒入蒜末、清水、白糖、盐、番茄酱，翻炒至白糖溶化。④放入花菜，煸炒使其均匀地裹上味汁，淋入水淀粉勾芡。⑤关火后盛出，放在盘中，摆上圣女果，撒上葱花即可。

香菇焖白萝卜

（材料）白萝卜350克，鲜香菇35克，彩椒40克

（调料）盐2克，鸡粉2克，生抽5毫升，水淀粉5毫升，食用油适量，蒜末、葱段各少许

（做法）①将白萝卜洗净，去皮，切丁；香菇、彩椒均洗净，切块。②用油起锅，放入蒜末、葱段爆香，倒入香菇炒软，放入白萝卜丁炒匀，加水、盐、鸡粉、生抽炒匀。③盖上锅盖，用中火焖煮约5分钟，揭盖，放入彩椒。④倒入水淀粉勾芡，炒至熟软、汤汁收浓即可。

川味焖白萝卜

（材料）白萝卜400克，红椒35克，白芝麻4克，干辣椒15克

（调料）盐2克，鸡粉1克，豆瓣酱2克，生抽4毫升，水淀粉、食用油各适量，花椒5克，蒜末、葱段各少许

（做法）①将白萝卜洗净，去皮，切条；红椒洗净，切斜圈。②用油起锅，倒入花椒、干辣椒、蒜末爆香，放入白萝卜条，炒匀。③加入豆瓣酱、生抽、盐、鸡粉炒软。④注入适量清水，炒匀，烧开后用小火煮10分钟至食材入味。⑤揭盖，放入红椒圈，炒至断生，用水淀粉勾芡。⑥撒上葱段，炒香，盛出锅中的食材，撒上白芝麻即可。

双冬焖油菜

（材料）油菜500克，冬菇40克，冬笋肉50克

（调料）盐4克，蚝油10克，老抽5毫升，白糖10克，淀粉、芝麻油、食用油各少许

（做法）①油菜、冬菇洗净，焯水油锅烧热，放入焯过水的油菜，翻炒至变色，调入盐炒熟，盛出摆盘。②另起油锅，加入冬菇、冬笋肉煸炒，放入蚝油、老抽、盐、白糖，注入适量清水，加盖焖约5分钟。③揭盖，用淀粉勾芡，调入芝麻油，盛出放在摆有油菜的碟中间即可。

虾米焖油菜

(材 料) 油菜400克，虾米50克，高汤适量

(调 料) 食用油适量，盐、芝麻油、鸡精各少许，葱段、姜丝各少许

(做 法) ①油菜洗净，根部削成锥形后划"十"字形，焯水；虾米用温水泡软。②油锅烧热后放入葱、姜煸出香味。③加入高汤、虾米、盐、鸡精、油菜，盖上锅盖，焖约3分钟，淋入芝麻油炒匀即可。

蒜焖油麦菜

(材 料) 油麦菜300克，蒜3瓣

(调 料) 盐、味精、食用油各适量

(做 法) ①将油麦菜洗净，对半剖开，切条；蒜去皮，切片。②往锅中加水烧开，下入油麦菜略烫，捞起沥水。③锅中加油烧热，放入蒜片爆香，再放入油麦菜炒匀。④注入适量清水，盖上锅盖，稍焖后揭盖，加盐、味精调味即可。

香焖白菜

(材 料) 白菜梗400克，红椒10克

(调 料) 盐4克，生抽5毫升，味精2克，食用油适量，花椒5克，生姜10克

(做 法) ①将白菜梗洗净，竖切条；生姜去皮，洗净，切丝；红椒洗净，去籽，切丝。②锅中倒油，大火烧热，下花椒、姜丝、红椒丝，加入白菜梗，翻炒至断生。③加入盐、味精、生抽，炒匀，加入适量清水。④盖上锅盖，稍焖至食材入味即可。

油焖笋尖

（材 料）竹笋160克，彩椒适量

（调 料）盐2克，料酒3毫升，生抽4毫升，水淀粉、食用油、葱花各适量，白糖少许

（做 法）①将竹笋去皮，洗净，切块；彩椒洗净，切块。②往锅中加水烧开，倒入竹笋块，淋料酒略煮，倒入彩椒丝，淋食用油略煮至断生，捞出。③用油起锅，倒入焯过水的食材，注入少许清水，加入少许盐、白糖、生抽炒匀。④盖上盖，烧开后用小火焖煮约10分钟，至食材入味。⑤揭盖，用大火收汁，倒入水淀粉勾芡，盛出装入盘中，撒上葱花即可。

油焖春笋

（材 料）春笋300克

（调 料）盐2克，酱油、白糖、芝麻油、食用油各适量

（做 法）①将春笋洗净，对半剖开，用刀拍松，切成长段，备用。②油锅烧热，放入春笋，煸炒至色呈微黄，加入酱油、白糖，注入适量清水，盖上盖，用小火焖5分钟。③待汤汁收浓时，开盖，放入盐拌匀调味，淋芝麻油即可。

荠菜焖冬笋

（材 料）冬笋450克，荠菜30克

（调 料）酱油6毫升，白糖3克，味精4克，料酒6毫升，食用油适量，花椒12克

（做 法）①将冬笋洗净，切小块；荠菜洗净，切末。②锅中加油烧热，倒入花椒，炸出香味，捞出。③锅留底油，倒入冬笋煸炒，加酱油、白糖、料酒，炒匀调味。④加入适量清水，盖上锅盖，焖烧至入味，揭开锅盖，再倒入荠菜，加味精炒匀可。

板栗焖丝瓜

材料 板栗140克，丝瓜130克，彩椒40克

调料 盐4克，鸡粉2克，蚝油5克，水淀粉、食用油各适量，姜片、蒜末各少许

做法 ①板栗洗净，去皮，对半切开，焯水；丝瓜、彩椒洗净，切块。②用油起锅，入姜片、蒜末爆香，倒入板栗炒匀，注入清水，加盐、鸡粉、蚝油调味，大火煮沸，加盖，焖煮至板栗熟软。③揭盖，倒入丝瓜块、彩椒块，续煮至原料熟透，大火收汁，倒入水淀粉炒至汤汁收浓即可。

板栗焖香菇

材料 板栗200克，水发香菇150克，鲜汤100毫升

调料 酱油30毫升，食用油40毫升，味精、白糖、水淀粉各少许，姜末、葱花各少许

做法 ①将板栗洗净，去壳。②炒锅加油烧热，下洗净的香菇、板栗煸炒，加酱油、鲜汤、姜末、白糖，大火烧沸，再盖上锅盖，用小火焖3分钟。③揭盖，改中火，加味精，用水淀粉勾芡，撒葱花，翻匀即可。

板栗焖鹌鹑蛋

材料 熟鹌鹑蛋120克，胡萝卜80克，板栗仁70克，红枣15克

调料 盐、鸡粉各2克，生抽5毫升，淀粉15克，水淀粉、食用油各适量

做法 ①熟鹌鹑蛋洗净，加生抽、淀粉拌匀；胡萝卜去皮洗净后切块；板栗仁洗净，切块。②往锅内注油烧热，放入鹌鹑蛋炸至起虎皮，倒入板栗炸干水分，捞出。③用油起锅，倒入红枣、胡萝卜及熟鹌鹑蛋炒匀，加入盐、鸡粉，加适量水，煮沸后盖上锅盖，用小火焖煮约15分钟。④揭盖，淋入水淀粉勾芡即可。

豉汁焖苦瓜

（材料）苦瓜200克，豆豉10克

（调料）蒜蓉、白糖、酱油、盐、鸡精、水淀粉、食用油各适量

（做法）①将苦瓜洗净，去两头，切成圆片，挖去籽；豆豉剁碎。②油烧热，放入苦瓜片，煎至两面呈金黄色时，加水、鸡精、酱油、豆豉碎、盐、白糖、蒜蓉，炒匀。③盖上锅盖稍焖，揭盖，大火烧至汤汁浓稠，用水淀粉勾芡即可。

黄瓜焖木耳

（材料）水发木耳50克，黄瓜200克

（调料）盐、生抽、味精、芝麻油、白糖、食用油各适量

（做法）①将黄瓜洗净，切片，加盐拌匀，腌渍10分钟。②将盐、生抽、味精、芝麻油、白糖拌匀，调成味汁。③将木耳洗净，撕成小片，与黄瓜同入油锅，炒匀，再加入味汁，炒至入味。④注入适量清水，盖上锅盖，稍焖至熟后揭盖，盛出装盘即可。

西红柿焖冬瓜

（材料）冬瓜500克，西红柿1个

（调料）盐3克，味精2克，甘草粉、食用油各适量，姜末5克

（做法）①冬瓜、西红柿洗净，去皮，切块。②炒锅注入适量食用油烧热，放入姜末炒香，再放入西红柿块，翻炒至出汁。③放入冬瓜，调入盐、味精，放入甘草粉，翻炒片刻，盖上锅盖，焖煮2分钟。④开盖，翻炒片刻，至冬瓜熟透即可。

🍲 油焖冬瓜

(材料) 冬瓜500克，青辣椒20克，红辣椒20克，高汤少许

(调料) 盐4克，味精2克，食用油适量

(做法) ①将冬瓜去皮、籽，洗净，切花刀；青辣椒、红辣椒洗净，切斜段。②将冬瓜入沸水中稍烫，捞出，沥干水分，备用。③往锅中注油烧热，先下青辣椒、红辣椒炒香，再放冬瓜，加入高汤，盖上盖，焖煮10分钟。④开盖，加入盐、味精调味，炒匀即可。

🍲 蟹柳焖冬瓜

(材料) 冬瓜、蟹柳、四季豆各100克

(调料) 盐2克，味精、料酒、食用油各适量

(做法) ①将冬瓜洗净，切段；蟹柳洗净，切段，用盐、料酒抓匀，腌渍至入味；四季豆去筋，洗净。②热锅下油，放入冬瓜、蟹柳、四季豆翻炒，加入适量水，盖上盖稍焖煮。③开盖，加入盐、味精炒匀调味，烧熟即可。

芦笋焖冬瓜

(材料) 冬瓜230克，芦笋130克

(调料) 盐1克，鸡粉1克，水淀粉、芝麻油、食用油各适量，蒜末、葱花各少许

(做法) ①将芦笋洗净，切斜段；冬瓜洗净，去皮，去瓤，切块。②往锅中加水烧开，倒入冬瓜，加食用油，煮约1分钟，倒入芦笋，煮至断生，捞出，待用。③用油起锅，放入蒜末爆香，倒入焯过水的冬瓜、芦笋炒匀，加盐、鸡粉，倒入少许清水，盖上锅盖，焖煮至食材熟软。④揭盖，倒入水淀粉勾芡，淋芝麻油炒匀，至食材入味，关火后盛出即可。

椒焖南瓜

(材料) 南瓜300克，干红辣椒5个

(调料) 红油15毫升，盐、鸡精、食用油各适量，葱花少许

(做法) ①将南瓜去皮，去瓤，洗净，切块；干红辣椒洗净，切段。②热锅注油烧热，先放干红辣椒段爆香，再放入南瓜块炒匀。③注入适量清水，再放入准备好的红油，盖上锅盖，焖煮至南瓜熟。④揭盖，放盐、鸡精调味，出锅盛盘，撒上葱花即可。

西芹焖南瓜

（材料）南瓜200克，西芹60克

（调料）盐2克，鸡粉3克，水淀粉、食用油各适量，蒜末、姜丝、葱末各少许

（做法）①将西芹洗净，切成小块；南瓜洗净，去皮、瓤，切片。②往锅中倒入适量清水烧开，加盐、食用油，倒入南瓜，煮约1分钟至五成熟，再放入西芹煮1分钟至断生，捞出南瓜和西芹，沥干水分，待用。③用油起锅，倒入蒜末、姜丝、葱末爆香，倒入南瓜、西芹翻炒片刻，加盐、鸡粉炒匀。④加入适量水，盖上锅盖，焖至食材熟透，揭开锅盖，倒入水淀粉勾芡，至全部食材入味，盛入碗中即可。

葱油焖南瓜

（材料）南瓜350克，洋葱35克

（调料）盐、鸡粉各2克，食用油适量，葱花少许

（做法）①将洗净的洋葱去皮，切薄片；洗净去皮的南瓜切成丁。②用油起锅，放入洋葱片，略煎至散出香味，盛出部分葱油，备用。③锅留底油烧热，倒入南瓜丁翻炒，加盐、鸡粉调味，注入清水略炒，再加盖，焖煮至原料熟透。④揭盖，大火收汁，撒上葱花，淋入葱油炒香即可。

松仁焖丝瓜

（材料）胡萝卜片50克，丝瓜90克，松仁12克

（调料）盐2克，鸡粉、水淀粉、食用油各适量，姜末、蒜末各少许

（做法）①将丝瓜洗净，去皮，切小块。②往锅中注入适量清水，大火烧开，加食用油，放入洗净的胡萝卜片煮1分钟，再倒入丝瓜续煮至断生，捞出，待用。③用油起锅，倒入姜末、蒜末爆香，倒入胡萝卜片、丝瓜翻炒，加盐、鸡粉炒匀至入味。④注入适量清水，加盖稍焖，揭盖，倒入水淀粉勾芡。⑤起锅，将炒好的食材盛入盘中，撒上松仁即可。

丝瓜焖黄豆

（材料）丝瓜180克，水发黄豆100克

（调料）生抽4毫升，鸡粉2克，豆瓣酱7克，水淀粉2毫升，盐、食用油各适量，姜片、蒜末、葱段各少许

（做法）①将丝瓜洗净，去皮，斜刀切小块。②往锅中加水烧开，加盐，倒入洗净的黄豆搅匀，煮至沸腾，捞出，备用。③用油起锅，放入姜片、蒜末爆香，倒入黄豆炒匀，注入适量清水，加生抽、盐、鸡粉。④盖上盖，烧开后用小火焖15分钟至黄豆熟软。⑤揭开锅盖，倒入丝瓜炒匀，再盖上锅盖，焖5分钟至全部食材熟透。⑥揭开盖，放入葱段，加入豆瓣酱炒匀，用大火收汁，倒入水淀粉勾芡快速炒匀即可。

西红柿焖土豆

(材料) 土豆500克，草菇250克，西红柿100克

(调料) 番茄酱30克，盐3克，胡椒粉、食用油各少许

(做法) ①将土豆去皮，洗净，切片；草菇洗净，切片；西红柿洗净，去皮，切成滚刀块。②往锅中注油烧热，加入土豆片、西红柿、草菇和番茄酱翻炒。③加适量清水，盖上盖，焖至食材八成熟。④揭盖，放入盐、胡椒粉拌匀调味，继续焖熟即可。

酱焖小土豆

(材料) 小土豆700克

(调料) 豆瓣酱20克，盐、鸡粉各1克，白糖2克，生抽、芝麻油各5毫升，水淀粉、食用油各适量，葱段、姜片各少许

(做法) ①将小土豆洗净，去皮，对半切开。②热锅注油，放入姜片、葱段、豆瓣酱爆香，加入生抽，注入适量清水，倒入小土豆，加盐、白糖炒匀。③加盖，用大火煮开后转小火焖20分钟至土豆熟软、汤汁浓稠。④揭盖，加入鸡粉调味，用水淀粉勾芡，淋入芝麻油炒匀。⑤关火后盛出焖好的小土豆，装盘即可。

黄豆焖茄丁

材料 茄子70克，水发黄豆100克，胡萝卜30克，圆椒15克

调料 盐2克，料酒4毫升，鸡粉2克，胡椒粉3克，芝麻油3毫升，食用油适量

做法 ①将胡萝卜洗净，去皮，切丁；圆椒洗净，切丁；茄子洗净，切丁，备用。②用油起锅，倒入胡萝卜、茄子炒匀，注入适量清水，倒入洗净的黄豆，加盐、料酒。③盖上盖，烧开后用小火煮约15分钟。④揭盖，倒入圆椒，炒匀，再盖上盖，用中火焖约5分钟至食材熟透。⑤揭盖，加入鸡粉、胡椒粉、芝麻油，转大火收汁即可。

酱焖茄子

材料 茄子180克，红椒15克

调料 黄豆酱40克，盐2克，鸡粉2克，白糖4克，蚝油15克，水淀粉5毫升，食用油适量，姜末、蒜末、葱花各少许

做法 ①将茄子洗净，切段，切上花刀；红椒洗净，切块。②热锅注油烧热，放入茄子，炸至金黄色，捞出，沥干油备用。③锅留底油，放入姜末、蒜末、红椒爆香，加入黄豆酱炒匀，倒入少许清水，放入茄子翻炒片刻，加入蚝油、鸡粉、盐翻炒，放入白糖调味，加盖稍焖。④揭盖，倒入少许水淀粉勾芡，快速翻炒均匀。⑤将炒好的茄子盛出，装入盘中，撒上葱花即可。

百花焖茄酿

材料 茄子200克，虾仁150克，青椒、红椒各适量

调料 白糖、红酒、盐、红油、食用油各适量

做法 ①将茄子洗净，切段；虾仁洗净，用盐腌渍；青椒、红椒洗净，切丁。②热锅下油，放入白糖，炒至溶化，放入虾仁、茄子翻炒片刻，加入青椒、红椒翻炒。③烹入红酒，调入盐，盖上盖，焖至食材熟透。④揭盖，起锅淋上红油，摆盘即可。

原味焖茄子

材料 茄子300克

调料 红油、盐、味精、食用油各适量

做法 ①将茄子洗净，切双飞片。②油锅烧热，放入茄子，炒至变软。③注入适量清水，盖上锅盖，稍焖至熟软。④揭盖，淋入红油，加盐、味精调味，出锅，摆盘即可。

山东焖茄响

材料 茄子200克，花生米、青椒、松仁各适量

调料 盐、味精、老抽、水淀粉、食用油各适量

做法 ①将茄子洗净，去皮，切丁；青椒洗净，切碎。②热锅注油烧热，放入茄子、青椒稍炒，加入适量清水，盖上盖，焖煮至食材熟透。③揭盖，放入花生米、松仁，加入盐、味精、老抽炒匀调味，用水淀粉勾芡即可。

西红柿焖茄子

(材料) 茄子300克，西红柿150克，青椒20克

(调料) 盐3克，鸡精2克，酱油、水淀粉、食用油各适量，葱、蒜各3克

(做法) ①将茄子、西红柿均洗净，切块；青椒去蒂，洗净，切片；葱洗净，切花；蒜去皮洗净，切末。②往锅中加水烧开，放入茄子焯水，捞出沥干备用。③锅下油烧热，入蒜爆香，放茄子、青椒炒至八成熟，再放西红柿，加盐、鸡精、酱油调味。④加入适量水，盖上锅盖，焖至食材入味，揭盖，撒葱花，用水淀粉勾芡，装盘即可。

油焖茄条

(材料) 茄子150克，香菜适量

(调料) 盐、味精各3克，蒜、酱油、水淀粉、食用油各适量

(做法) ①将茄子洗净，去皮，切条；蒜去皮，洗净，切碎；香菜洗净，切碎。②热锅下油，放入茄子翻炒至变软，放入蒜爆香，加入盐、酱油，注入适量清水，盖上盖，稍焖煮。③揭盖，放入味精调味，倒入水淀粉勾芡，最后，撒上香菜即可。

酸甜茄条

(材料) 茄子100克，红椒适量

(调料) 盐3克，葱、白糖、醋、酱油、食用油各适量

(做法) ①将茄子洗净，去皮，切条；葱洗净，切花；红椒洗净，切圈。②锅中注油烧热，放入茄子炸至变软，捞出，沥干油，备用。③热锅下油，放入白糖、醋、酱油、盐，注入适量清水调匀，放入茄子、红椒翻炒，盖上盖，大火烧开后转小火焖熟。④揭盖，盛出装盘，撒葱花即可。

鲍汁焖茄丁

（材料）茄子300克，红椒适量

（调料）鲍汁100毫升，水淀粉20克，盐、生抽、食用油、葱各适量

（做法）①将茄子洗净，切丁；红椒、葱洗净，切碎。②锅中注油烧热，放入茄子丁翻炒，加入适量清水，盖上盖，焖煮片刻。③开盖，放入红椒焖熟，加入鲍汁、盐、生抽调味，用水淀粉勾芡，最后出锅，撒上葱花即可。

姜丝焖红薯

（材料）红薯块300克，姜丝适量

（调料）水淀粉10毫升，酱油3毫升，盐、味精各2克，食用油适量

（做法）①往锅中加油烧热，将洗净的红薯块投入油锅，炸至呈金黄色且外皮脆，捞出沥干油，备用。②锅留底油，先放姜丝炝锅，再将红薯块倒进锅内。③加适量清水，调入酱油、盐、味精，盖上盖，焖至红薯块熟透、入味。④揭盖，用水淀粉勾芡即可。

麻辣焖藕丁

（材料）莲藕350克，青椒20克

（调料）盐3克，鸡粉2克，料酒、白醋、豆瓣酱、辣椒油、花椒油、水淀粉、食用油各适量，干辣椒、花椒各2克，姜片、蒜末、葱段各少许

（做法）①将莲藕去皮，洗净，切丁；青椒洗净，切块。②往锅内加水烧开，加白醋，倒入藕丁焯熟。③锅加油烧热，爆香葱段、姜片、蒜末，放干辣椒、花椒、藕丁、料酒，加豆瓣酱、盐、鸡粉炒匀。④加水，盖上锅盖稍焖，揭盖，加辣椒油、花椒油，淋水淀粉勾芡即可。

葱油焖芋头

（材料）芋头300克，葱5克

（调料）盐1克，白糖3克，食用油适量

（做法）①将芋头去皮，洗净，切块，放入蒸笼里蒸熟后取出；葱洗净，切成葱花。②往锅内注油烧热，放入葱花炒香，加入芋头，放入盐、白糖炒匀。③注入适量清水烧开，盖上盖，改用小火焖煮食材。④至芋头熟软，开盖，将煮好的食材盛出即可。

尖椒焖芋头

（材料）芋头500克，青椒35克，红椒40克

（调料）红油15毫升，盐3克，鸡精2克，食用油适量，蒜泥10克

（做法）①将芋头洗净，煮熟后剥去皮，切成块状；青椒、红椒洗净，切小段。②往锅中注入适量食用油，放入芋头略炒，加入适量清水，盖上盖，用小火焖煮10分钟。③揭盖，再放入青椒、红椒、蒜泥，加入盐、鸡精、红油炒匀，盖好盖，焖5分钟至芋头熟烂。④揭盖，关火后盛出即可。

风味焖豆角

（材料）豆角350克

（调料）盐3克，老抽、食用油各适量，姜、蒜各5克

（做法）①将豆角洗净，切长条；姜、蒜均洗净，剁碎成末。②净锅入油烧热，放入蒜末、姜末炒香，入豆角翻炒。③放入盐、老抽炒匀，注入适量清水，盖上锅盖，焖至食材熟透。④关火后将食材盛出，装入盘中即可。

油焖豆角

（材料）豆角200克，红椒15克

（调料）盐3克，鸡粉、水淀粉、料酒、食用油各适量

（做法）①将豆角洗净，切段；红椒洗净，去籽，切粗丝。②用油起锅，倒入豆角和红椒，快速翻炒均匀，淋入少许料酒，炒匀提味，再加盐、鸡粉，炒匀调味。③注入适量清水，煮至断生，盖上盖子，用小火焖1分钟至食材熟透。④取下锅盖，倒入少许水淀粉勾芡，盛出装盘即可。

酱焖四季豆

（材料）四季豆350克

（调料）黄豆酱15克，辣椒酱5克，盐、食用油各适量，蒜末10克，葱段5克

（做法）①往锅中注入适量清水烧开，放入盐、食用油，倒入洗净的四季豆，搅匀煮至断生，捞出，沥干水分，待用。②热锅注油烧热，倒入辣椒酱、黄豆酱爆香，倒入少许清水，放入四季豆，翻炒，加盐，炒匀调味。③盖上锅盖，小火焖5分钟至熟透，掀开锅盖，倒入葱段，翻炒片刻。④关火，将炒好的菜盛出装入盘中，放上蒜末即可。

口蘑焖豆腐

（材料）口蘑60克，豆腐200克

（调料）盐3克，鸡粉2克，料酒3毫升，生抽2毫升，老抽、食用油各适量，蒜末、葱花各少许

（做法）①将口蘑洗净，切片；豆腐洗净，切方块。②往锅中注水烧开，加盐、料酒，倒入口蘑，煮1分钟至断生，捞出，再倒入豆腐煮1分钟，去除酸涩味后捞出。③用油起锅，放入蒜末爆香，倒入口蘑炒匀，注入适量清水，倒入豆腐块，加生抽、盐、鸡粉、老抽调味。④盖上盖，焖2分钟至食材入味，揭盖，用大火收汁，倒入水淀粉勾芡。⑤将锅中食材盛出，装入盘中，再撒入葱花即可。

酱焖平菇

（材料）平菇200克，青椒、红椒各20克

（调料）辣椒酱15克，蚝油10克，鸡粉2克，盐1克，食用油、水淀粉各适量，姜片、蒜末、葱段各少许

（做法）①将平菇洗净，切去根部；青椒、红椒均洗净，去籽，切成小块。②往锅中倒入适量清水，大火烧开，加入少许食用油，放入平菇、青椒、红椒，煮约1分钟至食材断生，捞出，沥干水分，待用。③用油起锅，放入姜片、蒜末、葱段，大火爆香，调小火，放入辣椒酱、蚝油炒匀，倒入焯好的食材，翻炒均匀，加鸡粉、盐调味。④加入适量水，盖上锅盖，小火焖5分钟至熟透，掀开锅盖，倒入少许水淀粉勾芡，炒匀，出锅，盛入盘中即可。

🍲 丝瓜焖豆腐

材料 豆腐200克，丝瓜130克

调料 盐3克，鸡粉2克，老抽2毫升，生抽5毫升，水淀粉、食用油各适量，蒜末、葱花各少许

做法 ①将洗净的丝瓜切小块；洗好的豆腐切开，再切小方块。②锅注水煮沸，加入盐、豆腐煮约1分钟，捞出沥干水分，待用。③用油起锅，放蒜末爆香，倒丝瓜、水、豆腐煮沸，加盐、鸡粉、生抽调味。④淋老抽，加盖焖煮约1分钟，倒水淀粉勾芡。⑤揭盖，盛出装盘，撒上葱花即可。

🍲 胡萝卜丝焖豆腐

材料 胡萝卜85克，豆腐200克

调料 盐3克，鸡粉2克，生抽5毫升，老抽2毫升，水淀粉5毫升，食用油适量，蒜末、葱花各少许

做法 ①将豆腐洗净，切方块；胡萝卜洗净，去皮，切丝。②往锅中注水烧开，加盐、豆腐略煮，再入胡萝卜煮熟，捞出。③用油起锅，入蒜末爆香，倒入豆腐、胡萝卜炒匀，注水，加盐、鸡粉、生抽、老抽炒匀，加盖，焖至入味。④揭盖，倒入水淀粉勾芡，盛出装盘，撒上葱花即可。

🍲 家常焖豆腐

材料 老豆腐300克，清汤100毫升

调料 盐3克，味精3克，蚝油10毫升，老抽5毫升，芝麻油8毫升，食用油、姜片、葱段、红椒片各适量

做法 ①将老豆腐洗净，切厚块。②热锅注油烧热，放入豆腐煎至金黄，盛出沥干油，备用。③锅留底油烧热，放入姜片爆香，倒入红椒片炒匀。④注入清汤，放入豆腐，调入盐、味精、老抽、蚝油拌匀，盖上盖，焖煮至食材熟透。⑤揭盖，最后加入葱段，淋芝麻油即可。

西芹焖豆腐

（材料）豆腐180克，西芹100克，胡萝卜片少许

（调料）盐3克，鸡粉2克，老抽3毫升，生抽5毫升，水淀粉、食用油、蒜末、葱花各适量

（做法）①将西芹洗净，切段；豆腐洗净，切块。②将盐、豆腐块倒入沸水锅中，煮约1分钟，倒入洗净的胡萝卜片煮至断生，捞出。③将蒜末、西芹、豆腐、胡萝卜片入油锅炒匀，注水，加生抽、盐、鸡粉、老抽，盖上盖，小火焖至熟透。④揭盖，倒入水淀粉勾芡，炒至入味，撒上葱花即可。

葫芦瓜焖豆腐

（材料）葫芦瓜150克，豆腐200克，胡萝卜30克

（调料）盐、蚝油、鸡粉、生抽、水淀粉、食用油各适量，蒜末、葱花各少许

（做法）①将豆腐洗净，切方块；胡萝卜、葫芦瓜洗净，去皮，切丁。②往锅中注水烧开，加盐、食用油，放入葫芦瓜、胡萝卜煮至断生，捞出，再入豆腐煮去腥味，捞出。③用油起锅，入蒜末爆香，入葫芦瓜、胡萝卜炒匀，加清水、豆腐、盐、蚝油、鸡粉、生抽，加盖焖熟。④揭盖，淋水淀粉勾芡，撒葱花即可。

金玉满堂一品焖

（材料）花生米、豆角、核桃仁、腰果、杏仁、腰豆各100克

（调料）盐3克，味精1克，生抽、食用油各适量

（做法）①将花生米、核桃仁、腰果、杏仁、腰豆均洗净；豆角洗净，切段。②炒锅注油烧热，放入豆角炒至变色，加入花生米、核桃仁、腰果、杏仁、腰豆炒香，注入适量清水，盖上盖，焖煮至食材熟烂。③揭盖，调入盐、味精，淋入生抽炒匀调味，盛出装盘即可。

红烧石磨焖豆腐

（材料）豆腐300克，红椒50克

（调料）盐2克，醋6克，老抽、红油各10克，食用油适量，葱20克

（做法）①将豆腐洗净，切成长方块；红椒洗净，切斜圈；葱洗净，切长段。②油锅烧热，下红椒、葱段爆香，加入适量清水烧开。③下入豆腐，盖上锅盖，焖煮20分钟。④揭盖，调入盐、醋、老抽、红油，炒匀即可。

家常焖香干

（材料）豆腐干150克，芹菜50克，高汤适量

（调料）鸡精、盐各3克，红油、豆瓣酱、食用油各适量

（做法）①将豆腐干洗净，切条；芹菜洗净，切段。②锅置火上，放入红油烧至五成热，下入豆瓣酱炒香，放入豆腐干略炒，注入高汤，加入鸡精、盐调味。③盖上盖，焖煮至豆腐干丝入味。④揭盖，下芹菜段炒出味，起锅装盘即可。

素焖腐竹

（材料）腐竹段100克，香菇3朵，胡萝卜1根，西芹1根

（调料）盐3克，胡椒粉2克，水淀粉、食用油各适量

（做法）①将腐竹段泡软；香菇、胡萝卜洗净，切片；西芹洗净，切段。②锅中注油烧热，放入香菇、腐竹段、胡萝卜炒片刻，加入盐、胡椒粉调味，注入适量清水，盖上盖，烧开后转小火焖煮至腐竹熟软。③揭盖，放入西芹翻炒至断生，淋入水淀粉勾薄芡，最后盛出装盘即可。

渔肴焖素鸡

（材料）素鸡300克，青椒、红椒各少许

（调料）盐、味精各2克，酱油10毫升，胡椒粉5克，食用油适量

（做法）①将素鸡洗净，切块；青椒、红椒洗净，切花。②油锅烧热，下素鸡炒至变色，再放入青椒、红椒翻炒片刻。③往锅内加入适量清水，大火烧开，调入盐、味精、酱油、胡椒粉，盖上锅盖，焖至入味即可。

农家焖百叶包

（材料）油豆腐、木耳各300克，油菜100克，金针菇适量

（调料）盐5克，味精1克，老抽适量

（做法）①将油豆腐用洗好的金针菇绑好；木耳泡发，洗净；油菜洗净。②往锅中注入适量清水，大火煮沸，放入木耳、油豆腐、油菜炒匀，盖上盖，焖煮至食材熟透。③揭盖，加入盐、老抽、味精调味，盛出装盘即可。

石锅焖菌三鲜

（材料）滑子菇、茶树菇各100克，油豆腐、油菜各150克

（调料）盐、鸡精各2克，酱油15毫升，食用油适量

（做法）①将滑子菇、茶树菇均洗净，待用；油豆腐洗净，切块；油菜洗净，剖成两半。②油锅烧热，下油豆腐炒至吐油，放入滑子菇、茶树菇、油菜翻炒。③加水烧开，加入盐、鸡精、酱油，盖上锅盖，焖至熟，揭盖，大火收汁即可。

鹅肝酱焖鸡腿菇

材料 鸡腿菇350克，青椒、红椒各少许

调料 水淀粉10毫升，鹅肝酱、食用油各适量

做法 ①将鸡腿菇洗净；青椒、红椒均洗净，去籽，切粒。②油锅烧热，放入鸡腿菇炒至断生，再加适量清水，倒入鹅肝酱，盖上锅盖，焖煮至收汁。③揭开锅盖，用水淀粉勾芡，盛在盘中，撒上青椒、红椒即可。

黑椒焖白灵菇

材料 白灵菇300克，洋葱、青椒、红椒各适量

调料 黑胡椒粉8克，XO酱15克，水淀粉、食用油各适量

做法 ①将白灵菇洗净，切片，用水淀粉抹匀上浆；洋葱洗净，切块；青椒、红椒分别洗净，去籽，切块。②油锅烧热，下白灵菇炸至金黄色，放入洋葱、青椒、红椒同炒。③加适量清水，大火烧开后调入黑胡椒粉、XO酱，盖上锅盖，焖煮至食材入味，收汁即可。

板栗焖草菇

材料 草菇150克，板栗100克，青椒、红椒各适量

调料 盐2克，生抽6毫升，味精1克，食用油适量

做法 ①将草菇洗净，去底部，对切成两半；板栗洗净，去壳，切块；青椒、红椒洗净，去籽，切菱形块。②油锅烧热，下板栗翻炒片刻，再放入草菇、青椒、红椒同炒。③加少许清水，盖上锅盖，焖煮至汤汁收浓，揭开锅盖，加盐、生抽、味精，炒匀即可。

鲍汁焖草菇

（材料）草菇200克，菜心50克

（调料）鲍汁200毫升，盐2克，味精1克，老抽10毫升，料酒12毫升，白糖15克，食用油适量

（做法）①将草菇洗净，对剖开，焯水；菜心洗净。②锅置火上，注油烧热，放入草菇翻炒至熟后，下料酒，加入盐、老抽、白糖翻炒至汤汁收干时，放入鲍汁，盖上盖，小火焖煮。③煮至汤汁收浓时，下菜心稍炒后加入味精调味，起锅装盘即可。

铁板焖茶树菇

（材料）茶树菇300克，洋葱100克，青椒、红椒各50克

（调料）盐2克，生抽8毫升，鸡精1克，食用油适量

（做法）①将茶树菇洗净，择取菌盖；洋葱洗净，切圈；青椒、红椒均洗净，切条。②油锅烧热，下洋葱炒香，加盐调味，出锅盛在铁板上。③用余油爆香青椒、红椒，放入茶树菇同炒片刻。④往锅中加少许清水烧开，调入生抽、鸡精焖至入味，出锅，盛在铁板上即可。

土豆焖香菇

（材料）土豆70克，水发香菇60克

（调料）盐、鸡粉各2克，豆瓣酱6克，生抽4毫升，水淀粉、食用油各适量，干辣椒、姜片、蒜末、葱段各少许

（做法）①将香菇洗净，切块；土豆洗净，去皮，切丁。②热锅注油，烧至四成热，倒入土豆炸半分钟至金黄，捞出沥油。③锅留底油烧热，倒入干辣椒、姜片、蒜末爆香，放入香菇、土豆，加豆瓣酱、生抽、鸡粉、盐炒匀。④注入清水，加盖焖10分钟至入味。⑤揭盖，大火收汁，淋水淀粉勾芡，撒葱段即可。

口蘑焖土豆

材料 口蘑80克，土豆150克，青椒块25克，红椒块20克

调料 盐、鸡粉、豆瓣酱、料酒、生抽、水淀粉、食用油各适量，姜片、蒜末、葱段各少许

做法 ①将口蘑洗净，切片；土豆洗净，去皮，切丁。②往锅中加水烧开，倒入土豆、口蘑炒匀，煮至食材断生，捞出待用。③将姜片、蒜末爆香，倒入土豆、口蘑炒匀，加料酒、生抽、豆瓣酱、盐、鸡粉，注水，盖上盖，焖至食材熟透。④揭盖，放入青椒、红椒炒匀，倒入水淀粉勾芡，放入葱段炒香即可。

油焖茭白茶树菇

材料 茭白、茶树菇各100克，芹菜段80克

调料 盐3克，鸡粉3克，料酒10毫升，蚝油8克，水淀粉5毫升，食用油适量，蒜末、姜片、葱段各少许

做法 ①将茭白洗净去皮，切块；茶树菇洗净，切段。②往锅中加水烧开，放入盐，倒入茭白，略煮，加入茶树菇煮片刻后，捞出。③油锅入姜片、蒜末爆香，倒入茭白、茶树菇炒匀，淋料酒提味，加蚝油、盐、鸡粉，注水，加盖焖至入味。④揭盖，放入芹菜段炒匀，淋水淀粉勾芡，放入葱段炒匀即可。

酱焖杏鲍菇

材料 杏鲍菇90克

调料 盐、鸡粉各3克，料酒5毫升，黄豆酱8克，老抽2毫升，水淀粉、食用油各适量，姜末、蒜末、葱段各少许

做法 ①将洗净的杏鲍菇切片。②往锅中注水烧开，放入盐，倒入杏鲍菇、料酒，煮2分钟至熟，捞出。③用油起锅，放入姜末、蒜末、葱段爆香，倒入杏鲍菇炒匀，淋料酒炒香，放入黄豆酱炒匀。④加水、鸡粉，炒匀，淋入老抽，炒匀上色，加盐调味。⑤加盖稍焖，大火收汁，倒入水淀粉勾芡即可。

花菜焖双菇

(材料) 平菇、金针菇各100克，花菜50克

(调料) 鸡精、盐各3克，食用油适量

(做法) ①将平菇洗净，撕成小条；金针菇洗净；花菜掰成小朵，洗净。②锅中注油烧热，放入花菜翻炒匀，注入适量清水，盖上盖，焖煮3分钟。③揭盖，放入平菇、金针菇，翻炒至熟，加入盐、鸡精炒匀调味，最后盛出装盘即可。

鸡汁焖三菇

(材料) 香菇、草菇、平菇各200克，青椒、红椒各20克，鸡汁适量

(调料) 盐4克，味精3克，食用油适量

(做法) ①将香菇、草菇、平菇均泡发，洗净；青椒、红椒去蒂，洗净，切片。②油锅烧热，放入青椒、红椒炒香，放入香菇、草菇、平菇略炒。③注入适量鸡汁，盖上盖，焖煮至食材断生，汤汁收浓。④揭盖，加入盐、味精拌匀调味，盛出装盘即可。

三菌素焖

(材料) 草菇、平菇各40克，滑子菇20克，油菜50克

(调料) 水淀粉5毫升，盐2克，鸡精1克，食用油适量

(做法) ①将草菇、平菇、滑子菇均洗净，撕片；油菜洗净，备用。②油锅烧热，放入滑子菇、草菇、平菇炒软，注入适量清水，盖上盖，焖煮至食材断生。③揭盖，放入油菜，加入盐、鸡精拌匀调味，倒水淀粉勾芡即可。

板栗胡萝卜焖香菇

（材料）去皮板栗200克，鲜香菇40克，胡萝卜50克

（调料）盐、鸡粉、白糖各1克，生抽、料酒、水淀粉各5毫升，食用油适量

（做法）①将板栗洗净，对半切开；香菇洗净，切小块；胡萝卜洗净，去皮，切滚刀块。②用油起锅，倒入板栗、香菇、胡萝卜炒匀，加生抽、料酒炒匀，注入200毫升清水，加盐、鸡粉、白糖调味。③加盖，用大火煮开后转小火焖15分钟使其入味。④揭盖，用水淀粉勾芡即可。

干焖香菇

（材料）水发香菇250克，高汤适量

（调料）味精、白糖各3克，芝麻油20毫升，葱段、姜末、盐、料酒、酱油、食用油各适量

（做法）①将水发香菇洗净，焯水，捞出，沥干水分，备用。②锅置火上，注油烧热，用葱段、姜末炝锅，加入酱油、白糖、料酒、盐、味精，注入适量高汤，放入香菇，盖上盖，烧开后转小火焖煮至食材熟透，待汤汁收浓。③揭盖，淋入芝麻油拌匀，最后盛出装盘即可。